Chronik

des

Deutschen Forstwesens

im Jahre 1882.

Bearbeitet von

W. Weise,

Königl. Forstmeister.

VIII. Jahrgang.

Springer-Verlag Berlin Heidelberg GmbH 1883

ISBN 978-3-662-38947-8   ISBN 978-3-662-39898-2 (eBook)
DOI 10.1007/978-3-662-39898-2

Vorwort.

Die Kritik hat das letzte Heft der Chronik im Allgemeinen günstig aufgenommen und mich dadurch ermuthigt, die Arbeit fortzu= führen. Das, was bei den Besprechungen als wünschenswerthe Aenderung hingestellt wurde, nehme ich zum großen Theile sehr gern an, namentlich die Fortlassung der politisch gefärbten Rückschau. Der Witterungsbericht ist kürzer gefaßt, in dem Kapitel „Aus dem Vereinswesen" ist die Aufzählung der Tages=Ordnungen fortgeblieben und dafür dort und in anderen Abschnitten mehr aus den Verhand= lungen gegeben. Der Abschnitt „Patente" ist umgewandelt in einen solchen „Aus der forstlichen Geräthekammer." Ich bringe darunter Notizen über Geräthe, die im letzten Jahre durch die forstliche Literatur und die des Patentwesens bekannt geworden sind.

Was an Platz dadurch gewonnen ist, kommt dem Hauptkapitel „Aus der Wirthschaft" zu Gute. Der Raum von fünf Druckbogen ist eingehalten und soll auch ferner eingehalten werden, damit der Preis des Jahrganges niedrig bleiben kann. Die Praxis hat zwar bewiesen, daß es fast immer die gleiche Zahl ist, welche die Chronik liest, gleichviel ob sie in stärkeren oder schwächeren Heften erscheint, ich hoffe aber doch, daß der Leserkreis sich erweitern wird, wenn nur consequent Umfang und Preis der nämliche bleibt.

Eberswalde, am Sylvestertage 1882.

Weise.

Inhalt.

1. Personalien.

1. Preußen:

Gestorben. Oberforstmeister: Maron (zuletzt activ in Oppeln). Rehfeld zu Stralsund.

Forstmeister: Meier zu Coblenz. Amtsgerichts-Rath Leonhardt zu Münden, Docent an der Forstakademie.

Oberförster: Scheuch zu Neuhäusel. Clausius zu Sprackensehl. Raven zu Saupark. Döring zu Garlstorf. Könnecke zu Dobrilugk. Hennings zu Tremsbüttel. Buchhold zu Weilburg. Lorenz zu Osterode. Keerl zu Carrenzien. Ernst zu Napiwoda.

Pensionirt. Oberforstmeister: v. Kleist zu Magdeburg. Blankenburg zu Marienwerder. Tramnitz zu Merseburg. Dreger zu Bromberg. Gumtau zu Stettin. Dr. Tramnitz zu Breslau.

Forstmeister: Israel zu Cassel. Erck II. zu Hannover.

Oberförster: Maseberg zu Lingen. Cornelius zu Rengshausen. Rautenberg zu Polle. Kayser zu Grund. Jasse zu Hameln. Regler zu Brätz. Behrensen zu Westerhof. Frömbling zu Friedeburg. Metz zu Niederlahnstein. Cornelius zu Ehrsten. Winter zu Goarshausen. Davids zu Aerzen. v. Burkersroda zu Sangerhausen. Genth zu Weißenthurm. Oppermann zu Havelberg. Leusentin zu Cruttinnen. Steffens zu Zicher. Schmidt zu Heimboldhausen. Brandis zu Zeven. Bechtold zu Neuhoff. Lipsius zu Orb. Cornelius zu Hersfeld. Scheidemantel zu Tornau.

Ausgeschieden. v. Gehren zu Güntersberg.

Ernannt. Zu Oberforstmeistern und Mitdirigenten: Die Forstmeister Dittmer zu Frankfurt a. O. Nobiling zu Aachen.

Schmiedel zu Königsberg. Deckmann zu Königsberg. Hollweg zu Potsdam. v. Barendorff zu Breslau. Oberforstmeister v. d. Reck zu Düsseldorf.

Zu Oberforstmeistern: Küster zu Stettin. v. Dücker zu Stettin.

Zu Forstmeistern: Die Oberförster Sachsenröder zu Falkenhagen. Ulrici zu Kottwitz. Nicolovius zu Fürstenberg. Eberts zu Castellaun. Wolf zu Oberems. Hoffheinz zu Johannisburg. Vollmer zu Eggesin. Schultz zu Neukrakow. Weyland zu Gladenbach. Godbersen zu Woltersdorf. Krüger zu Kupp. Leo zu Krascheow. Den Character als Forstmeister erhielten die Oberförster Runnebaum und Weise zu Eberswalde, Mühlhausen zu Münden.

Zu Oberförstern: Die Oberförster-Kandidaten Kühn (Fj). Dr. Martin. Tiburtius. Frese. Meyer. Godbersen (Fj). Fuisting. Bublitz. Paulus. Wiroth. Dreßler (Fj). Schwertfeger. Dreger. Reisch. Schmidt. Steinhof. Scholze. Wery. Wittig. Klövekorn. Eilers. v. Gustedt. Hüffer. Riedel. Hebel. Cusig (Fj). Albert (Fj). Ochwadt (Fj). Schulz (Fj). Carganico. Dr. Kienitz. Schück. Müller I. Müller II. Schmidt. Schaffrinski. Erß (Fj). Schäfer. Gleinig. Ramelow. Jerrentrupp. Wegener. v. Hertell. Ludowici. Asmus.

2. Baiern.

Gestorben. Forstmeister Fürholzer zu Altötting. Schindler in Neustadt a. H.

Oberförster: Kümmet zu Kirchzell. Kolb zu Bibrachzell. Pfeilschifter zu Biburg. Grimm zu Etzenricht. Wich zu Erlangen. Zottmann zu Appersdorf. Eckart zu Solnhofen. Buck zu Brandau.

Pensionirt. Forstmeister: Reindl zu Kemnath. v. Bechmann zu Ansbach.

Oberförster: Offinger zu Wunderburg. Leupold zu Breitengüßbach. Fahrer zu Wohlfratshausen. Lautenschlager zu Waidhaus. Wagner zu Kulmbach. Baumann zu Mellrichstadt. v. Bernard zu Zweibrücken. André zu Piesenhausen. Riedel zu Stadtsteinach. Stellwag zu Fischbachau. Häffner zu Burk mit dem Titel eines Forstmeisters. Leypold zu Buch. Edel zu Aschaffenburg. v. Kloßmann zu Eichstädt. Janke zu Oswald. Käuffer zu Grimmschwinden.

zu Säroe Burglengenfeld. Mühlfeld zu Waldmohr. Schuhmacher zu Hofolding.

Ausgeschieden. Frhr. v. Tucher zu Rapperszell.

Ernannt. Oberforstrath Ganghofer zum Ministerialrath im Staatsministerium der Finanzen.

Zum Forstmeister: Oberförster Hörmann.

Zu Oberförstern: Lederer. Wagner. Grießmayer. Burger. Müller. v. Lupin. Köwel. v. Fabris. Wehrl. Reimer. Krug. Rosenbeck. Rascher. v. Hößle. Stisler. Sutor. Bothof. Höpfner. Mannhart. Bischoff. Gitschger. Koch.

3. Württemberg.

Gestorben. Präsident von Brecht. Oberförster Schlaich in Weilheim. Oberförster Herdegen in Gächingen. Landenberger in Hildrizhausen. Oberförster a. D. Plochmann zuletzt in Hirschlak. Revierförster Merk in Dietenheim.

Pensionirt. Forstmeister Hochstetter in Neuenstadt. Oberförster Graf v. Reischach in Leonberg. Feeser in Mockmühl. Keppler in Hürbel.

Ernannt. Assessor Renner zum Finanzrath. Revierförster Sigel zum Assessor bei der Finanz-Direction. Oberförster Graner in Weingarten zum Forstmeister. Oberförster v. Killinger desgl.

Zu Revierverwaltern: Frhr. v. Speth-Schützburg. Lausterer. Haag. Keller. Münst. Kublan. Sihler. Karrer. Munzinger. Eisenbach. Hoffmann. Laborenz.

Zu Oberförstern: Die Revierförster Trips. Weyßer. Zimmerle. Spohn. Erlenmeyer. Haag. Danner. Pollak.

Dr. Bühler, Oberförster zu Baindt ist als Professor nach Zürich an das Polytechnikum berufen worden.

4. Sachsen.

Gestorben. Oberförster Schmidt, Sachsengrund. Nicolaus in Grimma. Schlegel zu Hinterhermsdorf. Nicolaus zu Glasten. Forstinspector Mansfeld zu Elterlein.

Pensionirt. Oberforstmeister Gensel in Marienberg. Oberförster Müller in Schönheide. Forstmeister Täger zu Lauter. Keilpflug zu Rossau. Oberförster Püschel zu Marienburg.

Ernannt. Zum Oberforstmeister: Oberförster Professor

M. Weißwange in Tharand. Forstingenieur Neumeister zum 2. forstl. Professor und Verwalter des Reviers Tharand.

Zu Oberförstern: Franke. Schaal. Heidrich. v. Römer. v. Schönberg. Breitfeld. Plant. Lehmann. Rüling.

Zu Förstern: Oberförster=Kandidaten Hahn. Grohmann. Päßler. Ficker. Wemme. Jacobi. Petsch. Viehweger.

Oberförster=Kandidat v. Minkwitz und Lehmann zum Forst=ingenieur=Assistenten.

Forstingenieur=Assistent Glier zum Forstingenieur.

5. Anhalt.

Pensionirt. Oberförster Faust in Güntersberge.

Ernannt. Forstconducteur Huth zum Oberförster.

6. Braunschweig.

Gestorben. Oberförster Lüders zu Wieda.

Pensionirt. Die Oberförster Winkelvos zu Harzburg. Freytag zu Lehre. Langerfeldt zu Ribbagshausen. Nessig zu Grünenplan. Kuhn zu Gandersheim.

Ernannt zu Oberförstern die Forstassistenten Müller. Hoff=mann. Heyser. Jäger.

7. Elsaß=Lothringen.

Beurlaubt. Oberförster Kühn zu Sulz, mit der Verwaltung des Reviers ist an seiner Stelle beauftragt Oberförster=Candidat Kautzsch, demnächst zum Oberförster ernannt.

Oberförster Winter zu Bitsch ist in den preuß. Dienst zurück=getreten.

8. Oesterreich.

Gestorben. Oberförster Lutz zu Innsbruck. Förster Laube in Sternthiergarten. Geuß Waldmeister in Weyer. Dr. Em. Ritter v. Purkyné, Professor der Naturwissenschaften zu Weißwasser. Forst=assistent Krautner. Oberförster a. D. Schmiedel, Redacteur der Vereinsschrift für Forst=, Jagd= und Naturkunde. Oberförster Poh in Alt=Sandez. Forstmeister Christanell zu Wien. Forstmeister Seipt in Mödling. Forstrath a. D. Tschuppik. Forstassistent Grande.

Pensionirt. Oberförster Inzinger in Arnoldstein. Pauli in Lemberg. Oberförster v. Herrisch in Saalfelden. Kudasiewitz in Warcyce.

Ernannt. Kromner zum Förster in Klausenleopoldsdorf. Alers zum Forstassistenten. Hering zum Förster für den Bezirk Aurach. Heidler zum Forstingenieur=Adjuncten. Professor Dr. Exner zum Hofrath. Hanke, Forstmeister a. D., zum Oberförster in Lamerau. Conceptsoberförster Haßelwanter zum wirthschaftsführenden Ober=förster des Bezirks Innsbruck. Forstingenieur Drahowowsky zum Leiter der Ingenieurabtheilung der Direction Czernowitz. Forstingenieur Weimeß zum Oberforstingenieur zu Lemberg. Förster Broniewski zum Ober=förster in Lemberg. Förster Goralczyk desgl. in Muscyna. Förster Koczynsky desgl. in Niepolomice. Förster Steiner desgl. in Rattenberg. Forstassistent Hortig zum Forstingenieur=Adjuncten in Salzburg. Forst=assistent Paulitschke zum Förster in Montana. Förster Kirschbaum er zum Oberförster in Millstadt. Desgl. Riedler in Offensee, Schmölz in Mürzzuschlag. Forstassistent Leipert zum Förster in Loqua. Ingenieur Böhmerle zum Adjuncten. Rosenberg zum Forstingenieur. Assistent Hetzer zum Förster. Desgl. Heyn. Dr. Marchet zum ordentl. Professor. Dr. Breitenlohner zu außerordentl. Professor an der Hochschule für Bodencultur. Dr. Sallaz zum Lehrer an der Forst=lehranstalt Weißwasser. Desgl. Perina. Oberförster Breymann zum Vice=Forstmeister. v. Meyer=Treufeld zum Ministerialvicesecretair.

8. Schweiz.

    Gestorben. Oberforstmeister Finsler zu Zürich.

    Gewählt zum Oberforstmeister des Cantons Zürich Forst=meister Rüedi.

    Ausgeschieden. Oberforstmeister Landolt zu Zürich.

    Dr. Bühler, bisher Oberförster zu Baindt (Württemberg), ist als Professor nach Zürich gerufen.

Das preußische Pensionsgesetz vom 27. März 1872 ist dahin abgeändert, daß die Pension mit vollendetem 10. Dienstjahre $^{15}/_{60}$ des Gehalts beträgt und von da mit jedem Jahre um $^{1}/_{60}$ steigt. Mit vollendetem 25. Jahre wird die Hälfte des Gehalts, mit dem 40. Dienstjahre drei Viertel, das Maximum, gezahlt. Die Dienstzeit vor dem Beginn des einundzwanzigsten Lebensjahres bleibt außer Be=rechnung. Wesentlich ist ferner §. 30. Sucht ein nicht richterlicher Beamter, welcher das 65. Lebensjahr vollendet hat, seine Versetzung

in den Ruhestand nicht nach, so kann diese nach Anhörung des Be=
amten verfügt werden. Die vorgesetzte Behörde hat nach pflicht=
mäßigem Ermessen die ausdrückliche Erklärung abzugeben, daß sie den
Beamten für unfähig halte, seine Amtspflichten zu erfüllen.

Für Wittwen und Waisen ist durch ein Gesetz vom 20. Mai
in ähnlicher Weise gesorgt, wie das bei den von Reichsbeamten Hinter=
lassenen der Fall ist. Die von den Beamten eingezogene Steuer zur
Deckung der Kosten beträgt 3 % des pensionsfähigen Diensteinkommens
bis zu 9000 Mk. oder des Wartgeldes und der Pension bis zu
5000 Mk. Auch bei dem Preußischen Gesetze vermißt man die Be=
stimmung über eine Ermäßigung des Procentsatzes, wenn derselbe sich
mehr als ausreichend erweist. Da in den meisten Städten Nord=
deutschlands die Communallasten das zulässige Maximum von 2 %
des Gehalts längst erreicht haben, so ist jetzt von Beamten=Gehältern
über 3000 Mk. an directen Steuern der Satz von 8 % zu zahlen,
nämlich 3 als Einkommensteuer, 3 als Wittwen= und Waisengeld
und 2 als Communalsteuer. Auch darauf wollen wir aufmerksam
machen, daß beim Tode von noch jungen Beamten die Wittwen= und
Waisengelder nicht hoch bemessen sind und bei mangelndem Privat=
vermögen die Hinterbliebenen nicht genügende Hülfe finden. Da der
Staat nach der Rede des Finanzministers bei Einreichung des Etats
aus den Gehaltsabzügen der Beamten zu den Wittwen= und Waisen=
geldern eine Einnahme von 5 461 285 Mk. und dafür nur eine Aus=
gabe von 588 599 Mk. hat, die sich durch Ausfälle von Beiträgen
bei der alten Wittwen=Verpflegungsanstalt indirect noch um ca. 2
Millionen erhöht, so kann wohl erwartet werden, daß in Nothfällen
energische Hülfe gewährt wird. — Im Uebrigen kann man nur con=
statiren, daß das Zustandekommen des Gesetzes trotz der Opfer, die
gefordert werden, von allen verheiratheten Beamten mit Freude be=
grüßt ist.

In der Zeitschrift d. d. F. B. tritt eine Agitation zum Zwecke
der Gehaltserhöhung Seitens der Preußischen Forstschutzbeamten her=
vor. Eine Petition, die dem Abgeordnetenhause übergeben war, ist
nicht vor das Plenum gekommen und durch den Schluß der Sitzungen
erledigt. (Z. f. d. d. F. B. pg. 344.)

In Baden sind die Oberförstergehälter um durchschnittlich 200 Mk.

erhöht, so daß jetzt der Durchschnittssatz 3300 Mk. beträgt bei einem Minimum von 1800 und einem Maximum von 4500 Mk.*)

Der Rechnungsabschluß des Brandversicherungsvereins Preußischer Forstbeamten für das zweite Rechnungsjahr weist an gezahlten Prämien 15496 Mk. nach, ausgezahlt sind Brandentschädigungsgelder im Betrage von 5149 Mk. 12478,75 Mk. konnten in zinstragenden Papieren angelegt werden. Der Abschluß ist sehr günstig und läßt mit Bestimmtheit erwarten, daß der Verein sehr bald durch und durch consolidirte Verhältnisse zeigen und dann eine weitere Reduction der Prämien einführen wird. Wie bereits im vorigen Jahre ausgesprochen, halte ich eine Vereinfachung des Formulars für sehr wünschenswerth. Keine andere Versicherungs-Gesellschaft fordert eine solche genaue Aufzählung des Wirthschafts- und Haushaltungsinventariums, wie diese.

Im Interesse der Sache mag das nochmals hervorgehoben sein.

Die Preuß. König Wilhelm-Stiftung für erwachsene Beamtentöchter ist mit einem Kapitale von 169 457,40 Mk. ins Leben getreten. Die Summe ist durch freiwillige Beiträge von Civilbeamten des Preußischen Staates aufgebracht und soll durch Kapitalisirung eines Theiles der Zinsen, fortlaufende Beiträge und extraordinäre Einkünfte bis auf 500000 Mk. gebracht werden.

Die Wohlthaten der Stiftung sind bestimmt für die nach dem Tode des Vaters unverheirathet und unversorgt zurückgebliebenen Töchter derjenigen Preußischen unbemittelten Staatsbeamten, welche im Bereiche der Civilverwaltung eine höhere oder Subalternstelle bekleidet haben. Als Zweck der Stiftung wird angegeben, den betr. Beamtentöchtern zur Förderung ihres wirthschaftlichen Wohles, sowie zur Ausbildung Unterstützungen zu geben. Ueber die Bewilligung und die Abmessung der Höhe entscheidet das Curatorium. (Jahrbuch d. Preuß. F. u. J. u. Verw. pag. 183.)

Der Preuß. Beamtenverein hatte am 22. November 1882 in Bestand an Lebensversicherungspolicen 6332 Stück mit 22 045 700 Mk. und an Kapitalversicherungen 2247 Policen über 4 485 360 Mk.

---

*) In Preußen schwankt das baare Gehalt zwischen 1800—3300 Mk., der badische Durchschnitt ist das Preußische Maximum.

Die Ueberſicht über Einnahmen und Ausgaben des Unterſtützungs=
vereins für das Kgl. baieriſche Forſtperſonal im Verwaltungsjahre
1880 wird in Nr. 18 der Z. d. b. Forſtbeamten veröffentlicht:

Die Geſammtſumme der Einnahmen belief ſich auf 186 827,28 Mk.

   "   "   " Ausgaben   "   " " 200 692,17   "

Das Zuviel der Ausgabe wurde aus dem Vermögen gedeckt,
welches 1 481 514,83 Mk. beträgt.

Im Ganzen zählt der Verein 2227 beitragende Mitglieder.
Unterſtützungen erhielten 506 Wittwen, 461 einfache und Doppel=
waiſen, 1 Forſtamtsaſſiſtent, 2 Förſter und 17 Forſtgehilfen.

In Sachſen iſt in Folge einer Anregung des Oberförſters
v. Lindenau eine Begräbnißkaſſe gegründet, der die Mehrzahl der
Staatsbeamten beigetreten iſt. Die im Todesfalle zu zahlenden
Summen betragen 200 resp. 400 Mk. Ein Kapital iſt nicht vor=
handen, ſoll auch nicht angeſammelt werden. Die aus den Eintritts=
geldern gewonnene Summe bildet den Dispoſitionsfonds und wird
der Bedarf, je nach der Zahl der Sterbefälle, durch von allen Mit=
gliedern einer Klaſſe in gleicher Höhe zu zahlende halbjährliche Bei=
träge gedeckt. Die Verwaltung führt ein Oberforſtmeiſter, ein Ober=
förſter und ein Rentbeamter.

---

2. Witterungsbericht.

Möge das neue Jahr ſich beſſer betragen! Wie Hohn klingen
dieſe meine Schlußworte des Berichtes für 1881 herüber in das nun
vergangene Jahr. Wo blieb der Winter mit Schnee und Eis? Die
kurze Froſtperiode im November und December 1881 ſollte ihn im
Weſentlichen bezeichnen. Die mittlere Temperatur nur weniger Tage
des Januar lag unter dem Gefrierpunkte, ebenſo war es im Februar,
ja mit den letzten Tagen trat eine ſolche Frühjahrswärme ein, daß
die Kiefernraupe aus ihrem Winterſchlafe erwachte und es an der
Zeit fand, ihr Zerſtörungswerk fortzuſetzen. Gradezu beiſpiellos iſt
es, daß von Ende Februar bis zum 9. April nicht ein Nachtfroſt
mehr eintrat. Zur Zeit der Frühlings Tag= und Nachtgleiche ſtand

die Vegetation auf einem Punkte, der sonst den letzten Tagen des April angehört. Zur weiteren Entwickelung war aber Regen nothwendig, und da dieser ausblieb, so trat eine merkwürdige Periode der Wuchsstockung ein. Im zweiten Drittel des April setzte denn auch kalte Witterung, namentlich in den Nächten, ein, und so kam es, daß wir den Mai mit ziemlich normalen Vegetationsverhältnissen erreichten. In voller Frühlingspracht sah der Wald den Mai und das Herannahen der kalten Tage. Leider sollten sie ihren schlimmen Ruf bewahrheiten. Vom 10. — 18. Mai trat bald hier, bald da in Deutschland Frost ein, so daß schließlich kaum irgend ein Gebiet verschont blieb. In Kämpen, an Culturen und natürlichen Verjüngungen ist die Zerstörung stellenweise sehr erheblich gewesen, weniger litten die älteren Hölzer. Die Buche und Eiche hatten meist bereits geblüht, die Triebe waren schon widerstandsfähiger geworden und so schien es, als wenn die Mast wenig gelitten hätte. An vielen Orten ist sie aber sehr früh abgefallen und erwies sich als taub, eine Erscheinung, die sich bei dem späteren für den Wald durchaus günstigen feuchten Sommerwetter nur auf die Wirkung der Maifröste zurückführen läßt.

Waren bis zum Mai sehr wenig Niederschläge gefallen, so wurde von nun an das Versäumte nachgeholt, und je näher die Getreideernte heranrückte, um so schlimmer wurde das Wetter. Der wirklich reiche Ertrag konnte wohl in keinem größeren Bezirke ohne Schaden eingebracht werden, überall wuchs bei der Nässe ein Theil aus, ein anderer verlor wesentlich an der Qualität. Die Kartoffelfäule ist streckenweise empfindlich bemerkbar geworden.

Viele Gegenden, namentlich das Riesengebirge, die Bairischen und Tiroler Alpen wurden durch Wolkenbrüche stark heimgesucht. Die angerichteten Verwüstungen spotten zum Theil jeder Beschreibung und auf viele Jahre hinaus werden sich die Folgen bemerkbar machen.

Der Norden Deutschlands wurde ein wenig für den verlorenen Sommer durch einen sehr schönen Herbst entschädigt. Wetterkundige Leute, die ihr Urtheil sich nach dem Verhalten der Pflanzen und Thierwelt bilden, prophezeiten aber, das derselbe sehr bald einem energischen Winter Platz machen würde, und triumphirten, als sich am 16. October ziemlich allgemein Kälte in Deutschland verbreitete, Schnee fiel und die Berichte aus Rußland die Einstellung der Schifffahrt auf der Newa wegen Eisganges meldeten. Die milde Witterung kehrte indessen bald zurück, und selten hat wohl der Wald so lange das Laub gehalten, wie in dem verflossenen Jahre.

Für Süddeutschland, die Alpen und Westdeutschland blieb auch der October regnerisch, und wiederum meldeten die Zeitungen von zahlreichen heftigen Ueberschwemmungen. Der November war ebenfalls reich an Niederschlägen und führte starkes Hochwasser namentlich im Rhein- und Wesergebiet herbei. Der Rhein erreichte dabei den höchsten Stand, den er in diesem Jahrhundert gehabt hat. Der December brachte Anfangs normales Wetter, zum Schlusse des Jahres jedoch bei hohen Temperaturen abermals große Mengen von Niederschlägen und eine Wiederholung der Ueberschwemmungen am Rhein und an der Weser.

Für den Wald ist die Witterung nicht zum Schaden gewesen. Saatkämpe und Saaten standen überall verhältnißmäßig gut, und die Pflanzungen gediehen, wenn nicht andere Einflüsse nachtheilig wurden. Das frühe Erwachen der Vegetation, der kühle nasse Sommer und das lang andauernde schöne Herbstwetter haben in ihrer Vereinigung alle Bedingungen für günstige Zuwachsverhältnisse in jungen und alten Beständen gegeben.

---

3. Aus der Wirthschaft.

Die Rolle, welche dem Walde im großen Haushalte der Natur zugewiesen ist, ist auch im vergangenen Jahre mehrfach Gegenstand eines Gedankenaustausches gewesen. Während man früher fast unbestritten zugab, daß der Wald eine wesentliche, regulirende Einwirkung auf die Feuchtigkeit der Luft, auf die Niederschläge und auf den Abfluß der gefallenen Wassermassen übe, macht sich jetzt auch eine Gegenströmung geltend. In einem durch v. Fischbach (Hemp. Centralbl. pg. 3) mitgetheilten Gutachten des Ingenieurs Riedel wird der retardirende und regulirende Einfluß der Bewaldung auf die Speisung der Wasserläufe gestützt auf französische Beobachtungen bestritten. Es sei constatirt worden, daß an allen Flüssen ohne Rücksicht, ob sie aus bewaldetem oder nicht bewaldetem Terrain sich speisen, der Wechsel der Wasserstände im Mai und October stattfindet, und daß im Winter den Flüssen beträchtliche, im Sommer aber geringe Wassermassen zugeführt werden.

Auch Dr. Daube giebt in einem Aufsatze „der Wald und der Wasserstand der Ströme" nach einer Darstellung der angestellten Untersuchungen seine Ansichten dahin ab, daß auf unsere größeren*) Ströme die Entwaldung, wie die Bewaldung keinen Einfluß übt. Aus Entwaldungen, schließt er den Aufsatz, war man bemüht, Uebel herzuleiten, welche von jeher existirt haben. Die vorher von ihm beleuchteten Hagen'schen Untersuchungen zeigen dagegen, daß diese Uebel, Unregelmäßigkeiten im Wasserstand unserer Ströme, durch die Entwaldung nicht vergrößert worden sind. (F. Bl. pg. 97.)

Die älteren, den Forstleuten geläufigeren Anschauungen vertheidigt v. Fischbach zugleich mit der gewiß sehr richtigen Bemerkung: So günstig und einflußreich nun auch der Wald auf die Herstellung eines gleichmäßigeren Wasserstandes einwirkt, so darf doch nicht Alles von ihm allein erwartet werden. Es wird darauf hingedeutet, daß die Wirkung des Waldes, wie das auch einzelne Landwirthe verlangt haben, durch Sammelteiche und andere Hülfen unterstützt werden muß. Dieser letzte Gedanke wird auch in dem (Oest. Mon. pg. 333) be=
ginnenden Aufsatze über die Bewaldung des Bodens in ihrem Einflusse auf die Mäßigung, auf das theilweise Festhalten, sowie auf das Abrinnen der Niederschläge ausgesprochen. Im Uebrigen werden dort die für die gute Hülfe des Waldes sprechenden Gründe, z. B. die Wirkung des Laubdaches, der Moos und Streudecke besprochen und ist zugleich aufmerksam gemacht auf die Verschiedenheit des Verhaltens dieser Factoren je nach der Stärke des Regens, der Structur der Streudecke. Der Boden empfängt z. B. relativ mehr vom Nieder=
schlage bei starkem Regen. Benutzt sind bei diesen Darlegungen namentlich die Untersuchungen von Ebermayer und Riegler.

Der Wald und die electrischen Erscheinungen sind von Dr. Daube

---

*) Auffallend ist, daß der Einfluß auf die Bäche dagegen zugegeben wird. Der aus der Hagen'schen Arbeit citirte Satz lautet: Was endlich den Einfluß der veränderten Bodencultur betrifft, so schwellen freilich Bäche, die einer früher bewaldeten und später zum Ackerbau benutzten Fläche entspringen, nach starkem Regen höher an und versiegen mehr nach Dürre, als früher.

in einem weiteren längeren Aufsatze (F. Bl. pg. 225) besprochen.
Der erste Theil desselben, Wald und Hagelschaden wird zu dem Ab=
schlusse gebracht, daß das Vorhandensein von Wald nicht im Stande
ist, die Entstehung von Hagelwettern zu verhindern oder ihnen die
schädlichen Eigenschaften zu nehmen. Es ist eine ganz unzweifelhafte
Thatsache, daß Gegenden, die sogar zur Hälfte mit Wald bedeckt sind,
von sehr schädlichen Hagelwettern heimgesucht werden, wie die Um=
gebung von Münden zeigt. Es ist bis jetzt nicht erwiesen, daß Acker=
culturen, die dem Walde benachbart sind, hagelsicherer sind, als
solche, denen der vermeintliche Schutz fehlt. Es kann daher in diesem
Sinne ein Wunsch nach Vermehrung der Wälder nicht gerechtfertigt
erscheinen. Der zweite Theil: Wald und Blitzgefahr führt auch zu
dem negativen Resultat, daß ein erheblicher Einfluß des Waldes auf
die electrischen Erscheinungen in der Athmosphäre nicht festzustellen
ist. Keineswegs sind immer die waldreichen Länder auch diejenigen,
welche eine geringe Blitzgefahr zeigen. Es entbehrt der thatsächlichen
Begründung, die Zunahme der Blitzgefahr auf Entwaldungen zurück=
zuführen.

Das Interesse, was im Allgemeinen die Aufforstung öder Ländereien
erregt hat, dauert an. Eine reiche Thätigkeit liegt noch vor uns.
Statistische Erhebungen haben ergeben, daß in Preußen ohne die
Meeresdünen 37448 ha flüchtige Sandschollen vorhanden sind, von
denen 28635 ha als gefährlich für die angrenzenden Culturländereien
bezeichnet werden. In einer Circularverfügung des Preuß. landwirthsch.
Ministerium wird hierzu bemerkt:

Zur Beseitigung oder Verminderung der von den Sandschollen
ausgehenden Gefahren genügt es häufig, sie mit dem Beweiden und
anderer die Verflüchtigung des Sandes befördernder Benutzung zu
verschonen. Der dadurch eintretenden Beruhigung folgt bisweilen die
natürliche Besamung. Jedenfalls kann nach eingetretener Beruhigung
die Aufforstung der Sandflächen mit sehr geringen Kosten bewirkt
werden. Ohne den Apparat des Waldschutzgesetzes in Bewegung zu
setzen, wird häufig der Erlaß von Polizeiverordnungen genügen, wie
das bereits mehrfach in der Provinz Hannover bewiesen ist. (Jahrbuch
d. Preuß. F. u. J. u. B. pg. 162.)

Auf eigene Rechnung der Hannoverschen Provinzialverwaltung

sind nach einem mir vorligenden Schreiben des Forstmeisters Quaet
Faslem im Lüneburgischen nachgebessert 417 ha älterer Culturen,
vorbereitet ist die Aufforstung von 388 ha. Neue Culturen sind auf
410 ha angelegt, davon 46 ha mit Laubholz. Aus den etwas mehr
als 6 ha großen Pflanzgärten sind 50900 Laubholz- und 2 164 050
Nadelholzpflanzen über den eignen Bedarf hinaus abgegeben. Im
großen Durchschnitt stellen sich die Culturkosten bei der z. Z. 2866 ha
großen Haideaufforstung pro ha auf rot. 104 M. Hierbei sind
aber alle Kosten von der ersten Vorbereitung bis zur fertigen Cultur
einbegriffen, also auch die Kosten der Pflanzenerziehung, der Schutz-
maßregeln, der Geräthe u. s. w. Außerdem sind noch 14 ha verödeter
Kalkhänge im Göttingenschen aufgeforstet, der Erfolg wird dort aber
durch Maikäferfraß beeinträchtigt. Aus dem Aufforstungsdarlehns-
fonds der Provinz Hannover sind bis jetzt folgende Darlehne in der
Regel zu 2 % Zinsen und 3 % Amortisation gegeben: an 8 Wald-
genossenschaften mit 623 ha: 57750 M., an 8 Städte mit 591 ha:
57300 M. und an 19 Private mit 2575 ha: 115800 M. In
diesen unterstützten Districten, die sich über die ganze Provinz vertheilen, wurden im Ganzen pro 1882 rot. 630 ha aufgeforstet.

Für Oldenburg liegt ein Gesetz betr. die Förderung von Wald-
culturen im Entwurfe vor (F. Bl. pg. 56). Das Herzogthum
besitzt nicht weniger ·als 90075 ha an uncultivirten Grundstücken
und Oedländereien. Man muß abwarten, wie das Gesetz in definitiver
Fassung lautet. Aus dem vorliegenden Entwurfe kann man aber
bereits sehen, daß das Preußische Gesetz in seiner Erfolglosigkeit be-
lehrend gewirkt hat. Die Zwangsenteignung ist für nöthige Fälle
angenommen, und es sind die Prinzipien der Kostenvertheilung besser
geregelt.

In Schleswig-Holstein ist das begonnene Werk weiter
fortgeführt. In einem besonderen Artikel (F. Bl. pg. 129) sucht
Oberförster Ernst nachzuweisen, daß für die in Quickborn obwaltenden
Verhältnisse eine durchgreifende Bodenverwundung kein Luxus ist,
sondern nöthig, um einen geschlossenen Bestand zu erziehen. Er
empfiehlt namentlich die Rajolpflugcultur, bei der der Haidehumus
möglichst nach unten gebracht, der oft durch eine Geröllschicht feste
Untergrund durchbrochen und damit durchlässig gemacht und vor allen

Dingen die Haide für einige Jahre so weit entfernt wird, daß sie den Pflanzen nicht hinderlich ist. Gegen die Aufforstung der Haiden erhebt Borggreve seine Stimme hauptsächlich deshalb, weil die Auffassung, daß Haiden ertragslos und ganz oder fast unbenutzt seien, irrthümlich ist. Genutzt wird die Haide (F. Bl. pg. 48) überall und zwar mit einem Ertrage von 5 bis 30 M. pro ha und Jahr.

Ueber die Aufforstung des Karstes erfahren wir (H. Centralbl. pag. 271), daß vom Herbste 1881 bis zum Frühjahr 1882 an Nadelholzpflanzungen 671 900 Stück und an Laubholzpflanzen 224 100 Stück neben 5200 Obstbäumen verwendet sind. Außerdem sind Freisaaten mit 1300 kg Eicheln ausgeführt. Um diese letzteren gegen Mäusefraß zu schützen, hat sich am besten das Tränken mit einer Abkochung von Quassia bewährt.

In Kärnten wurde die Aufforstung gefördert durch unentgeltliche Verabfolgung von Waldsämereien, Waldpflanzen und Stecklingen an Kleinwaldbesitzer. Einige Gemeinden, deren Waldungen im Jahre 1881 durch Sturmschaden vernichtet waren, erhielten eine Geldunterstützung und werden später noch Samen und Pflanzen zur Wiederbewaldung der jetzigen Blößen erhalten (Hemp. Centr. pag. 490).

Was in den gefährdeten Waldregionen der Schweiz gearbeitet wird, läßt ein Aufsatz von Marti erkennen (Schweiz. Zeitschr. pag. 129). Eine Reihe von Verwaltungsberichten (das. pag. 50 u. ff.) geben uns Auskunft über das, was erreicht ist und noch im Project vorliegt.

Mit der Wiedercultur der durch Frost verwüsteten Waldungen in der Sologne wird, wie mir mitgetheilt ist, rüstig vorgegangen. Trotz der üblen Erfahrungen baut man abermals P. maritima an, weil die Vortheile, welche diese Waldungen gebracht haben, doch zu erheblich gewesen sind. Man lebt der Hoffnung, daß ähnliche Kälteverhältnisse sich nicht wieder zeigen werden, und weist auf die Thatsache hin, daß die Frostschäden vollständig vereinzelt in der Geschichte dastehen.

Lebhaftes Interesse hat überall die 1881 erschienene Brüning'sche Schrift über den forstlichen und landwirthschaftlichen Anbau der Hochmoore hervorgerufen. Sie beweist von Neuem, daß das Moor nicht als durchaus ertragslos anzusehen ist. Ueber die Forstculturen und ihren dauernden Erfolg gehen die Ansichten ziemlich weit auseinander, namentlich ist die Eichenzucht in dieser Beziehung angezweifelt. (Forstl. Bl., B. Centralbl., Z. f. F. u. J.)

Eine stattliche Reihe von Mittheilungen aus der Praxis des Culturbetriebes liegt vor und bringt das rege Leben auf diesem Gebiete zum Ausdrucke. Im Pommer'schen Forstverein ist die Pflanzung einjähriger Kiefern einer eingehenden Besprechung unterworfen. Hervorzuheben ist, daß es Anklang fand, die Kiefern nicht in einem mit Wasser gefüllten Gefäß aufzubewahren, sondern sie nach dem Eintauchen in Wasser mit Sand zu bewerfen, bis sich eine Sandkruste gebildet hat. Dann sei es möglich, ohne jeden Schaden die Einzelpflanze von dem Bunde zu trennen. Die Aufbewahrung der Pflanzen bis zum Einsetzen geschieht in einer Mulde, die mit einer nassen Zeugdecke geschlossen ist. Die Pflanzung zweijähriger Kiefern hatte nur getheilte Meinung für sich, doch wurde die Anwendung auf graswüchsigem Boden empfohlen.

Prof. Kunze theilt im Th. Jahrbuche pag. 1 u. ff. die Resultate mit von Kiefern-Cultur-Versuchen, die im Jahre 1860 in Sachsen begonnen sind. Es galt dabei, den Einfluß des Verbandes bei der Pflanzung festzustellen, sowie das Verhalten von Voll-, Streifen- und Platzsaat. Die Pflanzungen im Revier Reudnitz wurden 1862 begonnen, die Nachbesserungen im Jahre 1868 abgeschlossen. Durch Engerlingsfraß und Trockenheit wurde ein Nachbesserungsprocent im Minimum von 28,1, im Maximum von 55,5 nothwendig. Die ebenfalls 1862 ausgeführten Saaten litten stark durch Schütte. — In Markersbach wurden die Anlagen 1863 ausgeführt, die Verhältnisse stellten sich günstiger, so daß das Nachbesserungsprocent zwischen 9,1 und 31 lag; die Saaten mußten hingegen sehr energisch nachgebessert werden. Die Flächen sind jetzt durchforstet, und es ergiebt sich nun folgendes Resultat: Der nach der Durchforstung verbleibende Hauptbestand verhielt sich auf beiden Revieren bezüglich der Einzelflächen ziemlich gleich. Die mittlere Höhe scheint auf beiden Flächen in den Quadratpflanzungen mit wachsender Pflanzweite fort und fort zuzunehmen; auf beiden Revieren zeigen die Reihenpflanzungen eine bedeutend geringere mittlere Höhe, als die denselben im Standraum entsprechenden Quadratpflanzungen. Unter den Saaten nimmt bezüglich der mittleren Höhe auf beiden Revieren die Plätzesaat den ersten, die Vollsaat den letzten Rang ein. Die Saatflächen stehen in Bezug auf Höhenwuchsentwickelung gegen die Pflanzung zurück. — Bei großen Pflanzweiten ist die Astentwickelung sehr stark, durch Fortnahme der Dürräste kamen in Markersbach pro ha bei 1,98 Quadratverband 15,18 fm, bei 1,7 noch 10,10 fm auf.

In den Reihenpflanzungen von Reudnitz betrug die Masse in runder Summe 10 fm. Hier in Eberswalde fand ich bis zu 17 fm Aeste und dürre Stämmchen in entsprechend alten Beständen. Was läßt das für einen Schluß auf die möglichen Erträge an Raff= und Lese= holz zu!

Gußpflanzung auf Flugsand hat Oberförster Wellebil ausge= führt zu sehr mäßigen Preisen und mit gutem Erfolge (H. Centralbl. pag. 7). Forstcontroleur Böhm spricht sich dagegen (das. pag. 250.) unbedingt für einfachere und billigere Verfahren aus, denn die Ein= schlemmung der Pflanze mit dem Brei aus guter Walderde erziele keine besseren Resultate als andere Methoden. Ein dem Wellebil'= schen sehr ähnliches Verfahren ist in Schlesien seit längerer Zeit mit Erfolg angewendet und im Jahrbuch des schlesischen Forstvereins beschrieben (Guse in Hemp. Centralbl. pag. 479).

Im Harzer Forstvereine wurden die Erfahrungen über die Be= standsanlagen durch Saat in Fichten ausgetauscht. Dabei ließ sich feststellen, daß die Saat im Allgemeinen weniger vom Schneebruch leidet als der Pflanzbestand. Den zuerst vorhandenen geringen Zu= wachs ersetzt die Saat später durch vermehrte Leistungen (Allg. F. u. J. pag. 347).

In Bitsch werden nach Mittheilungen des Oberförsters Winter (Z. f. F. u. J. pag. 253.) Weißtannen in die Buchenverjüngungen durch Pflanzung reichlich eingesprengt. Das Material dazu wird wegen Mangels frostfrei auf den Verjüngungen selbst gelegener Kämpe im Eichenpflanzkampe unter den Eichen erzogen. Die Tannen haben sich dort normal entwickelt, nur in den ersten Jahren etwas geringere Höhentriebe, später aber stärkere gemacht, als Pflanzen aus reinen Tannenkämpen. Im Freien hat sich das Material gut bewährt.

Die Vorverjüngungsfrage ist im Sächs. Forstverein besprochen und dabei festgestellt, daß in Kiefern und Fichten die Methode nicht den Erwartungen entsprochen hat. Auf guten Standorten braucht man keine Vorverjüngung, auf schlechten ist ein darauf gerichteter Betrieb nachtheilig. Dabei hat sich in Folge von Nutzholzverlust, Insectenschäden u. a. die Verjüngung oft recht theuer anstatt, wie man hoffte, billig gestellt. (Hemp. Centralbl. pag. 435.)

Ueber rasches und langsames Vorgehen in der Räumung der Buchenschläge verhandelte man im Hils-Solling-Forst-Verein, wobei abermals zu constatiren war, daß die Ansichten über Vortheile und Nachtheile sehr weit auseinandergehen. Ein langsames Vorgehen scheint im Allgemeinen wieder mehr Freunde zu erwerben.

Mit großem Erfolge hat v. Fischbach die Ergänzung des Schälwaldes durch Senker ausgeführt. Der Umtrieb in den Waldungen ist 10jährig; im 6. bis 7. Jahre wird durchforstet, wobei in der unmittelbaren Umgebung von Lücken und Blößen die sonst auszuhauenden auf den Boden hinstreichenden Loden, soweit sie sich zum Senken eignen, zu schonen sind. „Zwei oder drei Jahre vor dem Abtriebe werden dann dieselben möglichst nahe an der Spitze eingegraben, nachdem zuvor ein Querschnitt auf die halbe Dicke und danach ein Längenspalt von 3—4 cm Länge gemacht worden sind." Die Lode bleibt beim Abtrieb des Bestandes in Zusammenhang mit dem Stocke. Die erzielten Pflanzen sind kräftiger als die aus Stummeln gezogenen und dabei bedeutend billiger (H. Centralbl. p. 410).

Wir haben dann noch über eine Reihe von Versuchsresultaten zu berichten, die ein allgemeines Interesse beanspruchen dürfen.

Den Einfluß des Wurzelschnittes an Stieleichen giebt Professor Dr. Heß dahin an, daß das Längenwachsthum in Folge dessen etwas zurückbleibt. Die Schürzung eines Knotens hat bei kräftigem Material keine Schmälerung des Höhenwachsthums bewirkt. Das Seitenwurzelsystem erschien sogar dabei am reichsten entwickelt. Auch auf die Durchmesserzunahme wirkte der Schnitt der Pfahlwurzel nachtheilig (B. Centralbl. pag. 385).

Die Lage der Eichen hat auf die Keimung den Effect, daß diejenigen, welche mit der Spitze nach oben liegen, nach Verlauf von ungefähr 4 Wochen relativ die meisten entwickelten Keime zeigen, dann folgen horizontal liegende und endlich solche mit der Spitze nach unten.

Von Woche zu Woche verliert sich aber diese Erscheinung, so daß schließlich kein Einfluß der Lage mehr zu constatiren ist (Z. f. F. u. J. pag. 120).

Professor Ludwig in Eulenberg hat verschiedene Methoden zur Erziehung von Eichensämlingen angewendet und möchte danach dem Levretschen Verfahren den Vorzug einräumen (Hemp. Centr. pag. 104). Zeichnungen von einigen Jährlingen sind zur Veranschaulichung der Resultate beigefügt. Nach diesen tritt aber der Vorzug nicht lebhaft hervor, ja nach meiner persönlichen Meinung möchte ich den aus dem einfachsten Verfahren hervorgegangenen Pflanzen den Vorrang ein= räumen. Bei diesem sind die Eicheln in spatentief gelockerten Boden gelegt.

Für die Frage der ständigen Kämpe ist eine Mittheilung von Dr. Councler (Z. f. F. u. J. pag. 361) wichtig, wonach der An= spruch der Fichtensaat an den Boden, selbst bei 6 Millionen Pflänzchen pro ha doch noch gering im Verhältniß zu den landwirthschaftlichen Pflanzen ist. Die Entnahme von Nährstoffen bleibt aber immer noch eine so große, daß Düngung anzurathen ist.

Den Selbstkostenpreis von Pflanzen berechnet Oberförster Pöpel zu Reichstein (Th. Jahrb. pag. 123) für einjährige Fichten auf 10 P, Kiefern auf 13 P; zweijährige Fichten auf 15, Kiefern auf 20 P; dreijährige Fichten auf 15 P, Kiefern auf 10 P; vierjährige Fichten auf 10 P. Aeltere Pflanzen sind als „Ladenhüter" billiger abzugeben. Die Schweizerische Samencontrolstation in Zürich giebt ihre Erfahrungen über Keimfähigkeit für gute Qualität, wie folgt, an: Weißtannen 30—40, Fichte 70, Kiefer 70—75, Lärche 45, Schwarz= kiefer 75, Weymouthskiefer 50 % (Schweiz. Zt. pag. 40).

Die Anbauversuche mit fremden Holzarten haben planmäßige Fortsetzung erfahren, und die Literatur hat sich mehrfach mit ihnen be= schäftigt. Booth hat uns ein selbständiges Buch über den Gegen= stand gegeben „Die Naturalisation ausländischer Waldbäume in Deutsch= land," in der Hauptsache eine Zusammenfassung von bereits früher gesagten Dingen. Die den Forstleuten darin gemachten Vorwürfe werden wahrscheinlich noch eine Reihe von Erwiderungen hervorrufen, eine, durch v. Nördlinger verfaßt, findet sich Hemp. Centr. pag. 497. Als vollkommen winterhart erkennt v. N. übrigens nur an: Abies canadensis L. Iuglans alba L. amara, Mich. nigra, L. Gingko biloba L., Pinus strobus L.; als bereits zu forstlichen Zwecken bewährt die letzte allein. Die Resultate der statistischen Erhebung über dasjenige Material, was von den für beachtenswerth gehaltenen fremden Holzarten bereits in Deutschland vorhanden ist, sind durch die Z. f. F. u. J. von Weise veröffentlicht (pag. 81 ff.) und vom Verleger auch separat in den Buchhandel gegeben. Der Titel lautet: Ueber das Vorkommen gewisser fremdländischer Holzarten in Deutschland. Die Ansichten über den Anbauwerth gehen sehr auseinander, enthusiastisch hoch geschraubte Erwartungen müssen jedenfalls herabgemindert werden, denn sonst ist eine Enttäuschung unausbleiblich. Die Erfolge der diesjährigen Aussaaten sind erheblich besser, als die von 1881, und ein großer Theil wenigstens der Preußischen Anbaureviere hat einen Ueberschuß an Pflanzmaterial aufzuweisen.

Ganz besondere Beachtung hat die Weymouthskiefer in der Literatur gefunden, hauptsächlich wohl deshalb, weil auf dem Programm der Versammlung deutscher Forstmänner zu Coburg das Thema stand: „Welche Erfahrungen liegen bezüglich des Anbaues der Weymouthskiefer auf verschiedenen Standorten in reinen und gemischten Beständen vor, und welche Mittheilungen über den Gebrauchswerth können gemacht werden", und in Folge einer Aufforderung in der Allgem. F. u. J. jeder sein Scherflein zu der Beantwortung beitragen wollte. Im Allgemeinen wird günstig über die waldbaulichen Eigenschaften der W. geurtheilt, auch soll sie nach dem Befunde chemischer Analysen als ein genügsamer Baum anzusehen sein. Das Thema mußte übrigens wegen Mangels an Zeit zurückgestellt werden und wird nun in Straßburg zur Verhandlung kommen.

Eine interessante Zuwachstabelle für die fremden Holzarten finden wir in Hemp. Centr. pag. 426. Sie giebt das Mittel aus Tausenden von Untersuchungen, die Dr. Lapham zu Milwaukee in Wisconsin anstellte. Die Zahlen sind insofern namentlich wichtig, als sie dem Walde, nicht freistehenden Bäumen und den Gärten entstammen.

Um 30 cm stark zu werden resp. an Stärke zuzunehmen, braucht u. a.

eine amerikanische Linde 99 Jahr, einfache Jahrringbreite 1,5 mm
ein Zuckerahorn 103 = = = 1,5 =

amerikanische Ulme	114 Jahr, einfache Jahrringbreite	1,3 mm
Rotheiche	54 = = =	2,8 =
Buche	102 = = =	1,5 =
Hemlockfichte	68 = = =	2,2 =

Das sind für die Bodenverhältnisse des „Urwaldes" nicht bedeutende Leistungen.

Einer sehr dankenswerthen Aufgabe unterzog sich Zabel=Münden, indem er die von Dr. Engelmann gegebene Beschreibung der californischen Abietaceen übersetzte und in den F. Bl. pag. 193 publicirte. Separatabbrücke sind Seitens des Preuß. Ministerii an die Cultur=versuchsreviere vertheilt.

Der Zug der Zeit leitet augenblicklich von der weitausgedehnten Herrschaft des reinen Hochwaldbetriebes ab und der Herstellung von mäßig ungleich alterigen Beständen zu, wie sie uns namentlich der Femelschlagbetrieb giebt und die Verjüngung mit Benutzung der Vor=wuchshorste. Der Einfluß von Gayers Waldbau macht sich in diesen Bestrebungen lebhaft geltend.

Die Universität München hatte als Preisaufgabe das Thema gestellt: Ueber die wirthschaftliche Bedeutung des s. g. Vorwuchses bei Begründung und Formbildung reiner und gemischter Bestände. Den Preis erhielt fürstlich waldeckischer Oberförster=Kandidat Hart=wig. Die betreffende Abhandlung ist in Baurs Centralblatt pag. 1 veröffentlicht. Wir entnehmen daraus Folgendes: Die alte Zeit hat generalisirend jeden Vorwuchs stehen lassen und die üblen damit ge=machten Erfahrungen haben bewirkt, daß der Vorwuchs in Verruf kam und überhaupt für unbrauchbar zur Nachzucht erklärt wurde. Heute stehen wir wieder vor einer anderen Ansicht, die hoffentlich nun festgehalten wird: Die Güte des Vorwuchses bezugsweise seine Brauchbarkeit zur Bestandsbildung ist abhängig davon, welcher Holz=art er entstammt und welche Wachsthumsbedingungen er gefunden hat. Nur die Schattenhölzer halten lange den Druck aus und um so mehr, je günstiger die Standortsverhältnisse und je höher angesetzt die Kronen des Altbestandes sind. Wuchskräftige gesunde Kernloden eignen sich am besten für die Nachzucht, kränkelndes, verbuttetes Material kann man nur benutzen, wo wie an steilen Hängen andere Rücksichten hinzu=treten. Die Freistellung der Horste muß allmälig geschehen, da zu scharfer Lichteinfall schädlich wirken kann; die Verjüngungsdauer wird allerdings dadurch oft über den Zeitraum einer Periode ausgedehnt. In ungünstigen Lagen sollen die exponirtesten Theile auf die eine oder andere Weise, also auch künstlich, in Bestockung gebracht werden, daran schließt sich die Verjüngung der besseren, endlich die der besten Partieen des Altbestandes an.

Vor allem eignet sich die Weißtanne für den Betrieb, schwieriger ist die Sache wegen der vielen Gefahren, die vor allen Dingen durch Stürme entstehen, bei der Fichte. Die Lichtungen dürfen nur sehr allmälig erfolgen, und man wird gut thun, sich damit zu begnügen, vor der Hand wenigstens einige Ungleichmäßigkeit im Bestandswuchse hergestellt zu haben.*)

Besser ist sicherlich die Buche für den Betrieb geeignet. Für die Kiefer empfiehlt Hartwig die fragliche Wirthschaft auf besserem Boden und führt dabei als einen Vortheil an die Wachsthumsleistung im Lichtstande.

Von gemischten Beständen bespricht der V. Fichte und Tanne, Fichte und Buche, Tanne und Buche. Das Mittel, die Mischung zu erhalten, wird, wenn ich richtig verstehe, in horstweise reiner Stellung gesucht und in einem Altersvorsprung, der jedesmal der bedrängten Holzart gegeben wird. Die Bedenken, welche V. selbst gegen die Wirthschaft ausspricht, lassen sich kurz dahin zusammenfassen: Sturmgefahr, Verdämmung, Beschädigung des Jungwuchses beim Fällungsbetriebe und der Abfuhr, Vermehrung der Frostgefahr, größere Kostspieligkeit. Ersatz hofft H. durch gesundere, zuwachsfrohe, besser ausnutzbare Bestände zu erhalten.

Vonhausen prüft die Vortheile und Nachtheile des Hochwaldes und Plenterwaldes und kommt zu dem Resultat, „daß die Ausstellungen an dem gleichförmigen Hochwalde nicht nur unbegründet sind, sondern daß sie sämmtlich auf den Femelschlag zurückfallen. Den schlagendsten Beweis für die Richtigkeit der Prüfung liefert nicht allein der größere Holzreichthum, sondern weiter noch die größere Nutzholz-

---

*) Sollte es nicht vielleicht besser sein, diese Löcherwirthschaft in gefährdeten Lagen überhaupt nicht anzuwenden? Ein in den Bestand gehauenes Loch, mag es auch noch so vorsichtig und allmälig hineingebracht sein, bleibt immer ein leicht vom Sturm genommener Angriffspunkt.

menge der schlagweisen Hochwaldungen gegenüber den Femelwäldern, wie dies selbst von dem wärmsten Vertheidiger der letzteren zugestanden wird. Nur hinsichtlich der Qualität soll das Holz dem Femelwaldholz nachstehen. Sehen wir, ob auch dem so ist. Im Plenterwalde wachsen die Bäume lange unter Druck, und der Holzkörper, der sich während der Zeit bildet, ist kein guter. Beim Eintritt von größerem Lichtgenuß nimmt die Breite der Jahrringe zu, später wieder ab." „Dazu kommt noch, daß die Stämme weniger lang, abfälliger und astreicher sind."

Auch die Erziehung von Starkhölzern kann nicht als Vorzug des Plenterwaldes bezeichnet werden, indem diese durch Ueberhalt und Unterbau sowohl in kürzerer Zeit, als auch von besserer Beschaffenheit erzogen werden können.

Für die Forsteinrichtung bietet der Femelbetrieb sehr große Schwierigkeiten, weil sich Holzmassen und Zuwachs nicht mit erforderlicher Schärfe erheben läßt. — „Alle diese Schattenseiten lassen sich auch nicht durch den gepriesenen, horstweisen oder modificirten Femelbetrieb in Lichtseiten umwandeln."

Am Platze ist der Plenterwald nur beschränkt etwa an solchen Orten, wo z. B. von einer intensiven Wirthschaft keine Rede sein kann. Außerdem empfiehlt er sich für Schutz= und Luftwälder und bäuerliche Waldungen, wiewohl er bei diesen in den mehr niederen Lagen zweckentsprechender durch den Mittelwald vertreten wird. (Allg. F. u. J. pag. 291 ff.)

Auf einen anonymen Aufsatz zur Frage des Plenterbetriebes mag hier insofern aufmerksam gemacht werden, als er von der Ney'schen ringförmigen Verjüngung auf eine solche in gleichschenkligen Dreiecken kommt (Allg. F. u. J. pag. 294). An eine praktische Durchführung wird kaum zu denken sein.

Wagener=Castell giebt (Allg. F. u. J. pag. 397) die Resultate seiner Untersuchungen über den Lichtungszuwachs für die Buche mit Beibehaltung der Rechnungsmethoden, wie sie s. Z. von ihm für Fichte und Kiefer angewendet sind. Die Verhältnisse gestalten sich danach bei allen drei Holzarten ähnlich, sie bestärken den B. darin, daß die Reform des Waldbaues schließlich „in der richtig bemessenen Lichtstellung der geschlossenen Bestände in den Jugendperioden und in der Fürsorge, daß in den neu zu gründenden gemischten Beständen die später dominirenden Stämme alsbald vorwüchsig werden, ihre Krystallisationspuncte finden wird."

Forstmeister Schott v. Schottenstein theilt (Allg. F. u. J. pag. 408) die Erfahrungen mit, welche er in langjähriger forstlicher Thätigkeit bezüglich des Lichtungsbetriebes mit Unterbau und des Ueberhaltbetriebes gesammelt hat. Sie haben ihn zum Freunde dieser Wirthschaftsformen gemacht.

Im Leipziger Stadtwalde (Baur Centr. pag. 543) wird nach eingehenden Erörterungen die Mittelwaldwirthschaft wieder eingeführt und die Kahlschlagwirthschaft aufgegeben werden. In einem großen Theile der preußischen Elbaueforsten hat sich dagegen jetzt auch officiell die Umwandlung in Hochwald vollzogen, nachdem seit Generationen durch einen überaus niedrigen Abnutzungssatz dieser Uebergang vorbereitet ist. Im sächsischen Forstvereine besprach man die Erfahrungen über die Umwandlung rückgängiger Mittelwälder in Hochwald und welche Schlüsse dieselben für die Zukunft an die Hand geben. Der Anbau unter dem Schirmbestande scheint sich nicht bewährt zu haben, und man ist daher nach und nach zum Kahlschlagbetriebe übergegangen. Der Erfolg der Umwandlung wird als ein günstiger betrachtet, denn die Erträge sind gestiegen und die Bodenkraft hat sich vermehrt. Für die Zukunft will man den Laubholzanbau mehr als bisher berücksichtigen (Z. f. F. u. J. pag. 517).

Ueber eine Umwandlung im Gebiete der Juraformation berichtet Oberförster Hupfauf (Allg. F. u. J. pag. 220): Die mit Eichen und Buchen vollbestockten Bestände sind heraufgewachsen und geben das Bild eines Hochwaldes mit Unterhaltbetrieb. Die mit Weichhölzern bestockten Flächen sind ohne Schwierigkeit in Fichten umgewandelt. Die darin stehenden Eichenüberhälter leiden aber an Wipfeldürre. Für weiteren Mittelwaldbetrieb war eine Fläche mit 36= und 48 jährigen Umtrieb ausgeschieden. Stockausschlag ist dabei natürlich nicht erfolgt, sondern es haben Nadelholzculturen zur Füllung der Lücken ausgeführt werden müssen. Das Bild des Mittelwaldes ist auch da verloren gegangen.

Oberförster Schnittspahn zu König hält es für angezeigt, die Umwandlungsfrage für den Eichenschälwaldbetrieb ins Auge zu fassen, wenn er auch nicht glaubt, daß die Mineralgerbung schon in nächster Zeit zur Herrschaft kommt. Buchenhochwaldungen, meint er, werden in den seltensten Fällen an Stelle der Eichenschälwaldungen treten. Meist werden Mischbestände verschiedener Art und unterschiedlichen Werthes den Uebergang zum Nadelholze, insbesondere zum Kiefern= hochwalde, bilden. Die Erträge dieses vergleicht er dann mit denen des Schälwaldes, wobei er zu dem Resultate kommt, daß der Eichen= schälwald bei den jetzigen Preisen noch immer vortheilhafter ist, als der Kiefernwald. Die Begründung neuer Eichenjungwüchse ohne Mischholz hält er aber nicht mehr für richtig, denn man müsse be= denken, daß der Bestand unter zwei Sättel zu passen habe; die Entscheidung, welcher zu wählen sei, gehöre der Zukunft. (Allg. F. u. J. pag. 369.)

Dem Eichenschälwalde droht übrigens jetzt auch von der Erle Concurrenz: Dr. Councler=Eberswalde weist auf Grund einer Reihe von Analysen nach, daß die Erlenrinde, namentlich die noch spiegelnde, sehr hohe Gerbstoffprocente hat und es daher sehr wünschenswerth ist, daß practische Gerbversuche mit diesem Material ausgeführt werden. Für die Verwendung bei der Färberei eignet sich in einzelnen Fällen der Rindengerbstoff der Erle ebenfalls in hohem Maaße. (Z. f. F. u. J. pag. 661.)

Der Pflege des Bodens hat Vonhausen einen besonderen Artikel gewidmet. (Allg. F. u. J. pag. 1.) Gegen das Verwehen des Laubes empfiehlt er, abgesehen von Windmänteln aus Fichten, die Anlage schmaler Niederwaldstreifen. An Hängen müssen außerdem noch horizontal angelegte Laubfanggräben hinzutreten. Im Unterbau von Kiefern und Eichen mit Buche und Hainbuche sieht er ein wesent= liches Mittel der Wald= und Bestandspflege. Die Durchforstungen sollen dazu dienen, den Verwesungsproceß der Laubdecke richtig zu leiten. Von der lichteren Stellung der Bestände hofft V., daß auch schwächere Regen die Bodendecke erreichen, die Temperatur im Walde Tags sich erhöhe, Nachts sich erniedrige und dadurch die Zersetzung der Bodendecke beschleunigt. Es soll bis zu dem Maße des Licht= einfalls durchforstet werden, wo Gras und Unkräuter hervorbrechen wollen. Eine Grasnutzung wird am wenigsten nachtheilig für den Wald im August einzulegen sein. — Die Beobachtungen Müllers

(Kopenhagen) über den hohen Einfluß des Thierlebens auf den Boden und seine Lockerung haben eine glänzende Bestätigung gefunden durch die letzte Schrift Darwins. — Bezüglich der Lehre von der Durch-forstung bringt v. Baur, (Centr. pag. 21 u. 205) eine historische Studie, von der hier nur das Resumé gegeben werden kann: Ueber kein Specialgebiet der Forstwissenschaft ist mehr als über dieses ge-schrieben, trotzdem ist aber weder Theorie noch Praxis bis jetzt zu einem vollständigen Abschlusse gekommen. „Jedenfalls ist auch hier wieder die Lehre der Ausführung vielfach vorangeeilt, weil sich wirth-schaftliche Maßregeln, auch wenn sie theoretisch noch so begründet er-scheinen, nicht immer und überall erzwingen lassen." — „Die Theorie der Durchforstungen konnte aber deshalb bis jetzt keinen befriedigenden Abschluß finden, weil es an ausreichenden, durch viele Jahre hindurch fortgesetzten und unter den verschiedensten Verhältnissen durchgeführten vergleichenden Untersuchungen noch immer fehlt." — „Jedenfalls geht aber aus der Geschichte der Durchforstungen schon jetzt soviel hervor, daß dieselben für unseren forstwirthschaftlichen Betrieb und insbesondere für eine höhere Rentabilität der Waldungen von der einschneidensten Bedeutung sind. Man durchforste, nach dem Stande unserer heutigen Erkenntniß, bei genügenden Arbeitskräften und intensiven Wirthschafts-gebieten früh, oft und mäßig, in größeren Revieren aber und bei theuerer Arbeit früh, kräftig und in längeren Perioden. In beiden Fällen wird man die Erfahrung machen, daß in viel kürzerer Zeit mehr Holz in stärkeren und werthvolleren Sortimenten erzogen werden kann.

In No. 9 bis 11 der Zeitschr. d. b. F. wird das Thema, zu welcher Zeit die Durchforstung vorzunehmen ist, literarhistorisch ab-gehandelt. Oberförster Hamm in Stockach läßt einer Studie über den stärksten Durchforstungsgrad ebenfalls historische Notizen vorangehen. Er glaubt diesem Grade unter bestimmten Standorts- und Altersverhältnissen eine sehr wichtige Rolle in Aussicht stellen zu dürfen, weil er durch Zuwachssteigung die höchstmögliche Rente sichert. (Allg. F. u. J. pag. 361.) Forstmeister Wiese erwirbt sich aber dadurch unseren Dank, daß er uns die realen Erträge in einzelnen ihm genau bekannten Fällen mittheilt: Es hat eine Fläche von 143,6 ha junger meist aus Saat entstandener Kiefern in den 10 Jahren 1872 bis 1881 ergeben 4867,27 fm mit einem Gesammterlöse von 21 366,97 M. Es ist mithin pro ha jährlich erfolgt 3,264 fm Masse und 14,88 M. an Geld. In Eichen betrug die Reineinnahme von 42,9 ha pro Jahr rund 22 M. Ein Reinertrag in Buchen von 88,7 M. pro ha ist nicht auf die Jahresrate gebracht und läßt sich daher nicht mit den vorgenannten Erträgen vergleichen.

Die guten Seiten des Unterbaues in Eichen werden neuerdings von Borggreve bestritten (Verh. des Hils-Solling V.) auf Grund eigener Beobachtungen und namentlich der im Thüringer Forstvereins= hefte veröffentlichten Untersuchungen des Forstraths Zell in Meiningen.

Versuche über Korbweidencultur sind seit längerer Zeit vom Bürgermeister Krahe in Prummern bei Geilenkirchen angestellt. Die vorläufigen Resultate sind fast in allen Zeitschriften mehr oder minder ausführlich mitgetheilt.

Hinsichtlich der Erträge auf verschiedenen Bodenarten schwankt das Maximum zwischen S. viminalis und amygdalina; purpurea, purpurea viminalis und pruinosa-acutifolia treten niemals in die erste Linie. Die Zahl der auf 100 Stöcken befindlichen Ruthen ist bei der letzgenannten am geringsten. Eine Einwirkung der Tiefcultur auf den Ertrag hat sich nicht feststellen lassen, wohl aber ein Einfluß des Verbandes. Für bindigen Boden hält Krahe den Verband von 50 cm. und 10 cm. für den besten. Es ist übrigens nicht unwahr= scheinlich, daß grade über den Verband die Resultate auf verschiedenem Boden verschieden sein werden. Sand wird für die auf ihm stehenden Pflanzen einen größeren Wachsraum verlangen als Lehm. Wesentlich kann auch der Nährstoffgestalt des Wassers mitsprechen.

Ueber den Höhenwuchs von Fichten im Buchenwalde giebt Obf.=Kd. Müller zu Lischeid in Hessen eine Mittheilung (F. Bl. pag. 259), die insofern von besonderem Interesse ist, als der Wachs= thumsgang mit der Th. Hartig'schen Weisercurve fast zusammenfällt.

Die Weißtanne ist in den letzten Wirthschaftsperioden, trotzdem ihr Holz in Thüringen durchaus nicht so gesucht ist, wie das der Fichte vielfach angebaut, in der Hoffnung, durch sie sturmfestere Bestände zu erhalten. Bei der Verjüngung ist überall auf die Erhaltung des Weißtannenjungwuchses gesehen, man hat auch durch die Art der Hauung die Bildung junger Horste befördert; auf Lücken, mögen sie nun durch Sturm oder Käferfraß hervorgerufen sein, wurden Saaten gemacht, Fichtenpflanzungen sind mit Tannen durchstellt. Die Saaten in lückigen Beständen bewährten sich nicht, Graswuchs und Auffrieren decimirten sie und mehr noch als bisher wurde in Folge dessen gepflanzt. Seitdem ist eine Reaction gegen die Vorliebe für die W. eingetreten, die großen Stürme der Jahre 1868 und 1876 haben gezeigt, daß die Widerstandsfähigkeit der Weißtanne durchaus nicht so groß, wie gehofft, ist. Jede Lockerung des Altbestandes im Schlusse hat sich in Thüringen als eine directe und große Gefahr erwiesen, und nicht mit Unrecht wird der Weißtannenzucht ein Theil der Größe des Windbruchschadens zugeschoben. Die Löcherverjüngung hat Angriffspuncte geschaffen, die der Sturm benutzt hat. Stötzer bezweifelt nicht, daß die Tanne in Zukunft noch mehr an Terrain verlieren wird, als bisher, und die Fichte nach wie vor die Herrschaft im Thüringer Walde behaupten wird. Mit vollem Rechte weist er darauf hin, daß auch die frühere Zeit mit Schneebruch und Sturm zu kämpfen gehabt hat und mancher Bestand, der unmittelbar nach der Kalamität ruinirt schien, nach Verlauf etlicher Jahre wieder sich geschlossen hat. (Allg. F. u. J. pag. 256.)

Ueber die Unterscheidung der verschiedenen in Deutschland vorkommenden Ulmenarten herrschen nicht übereinstimmende Ansichten. Man muß es daher als besonders dankenswerth ansehen, daß Dr. Kienitz die Frage einmal gründlich in der Z. f. F. u. J. pag. 37 behandelt. Er unterscheidet U. effusa, deren Blätter u. A. kenntlich sind an den sehr regelmäßig verlaufenden, selten sich verzweigenden Rippen, U. campestris, wozu auch suberosa gehört, mit Blättern, deren Rippen bei weitem weniger regelmäßig verlaufen, auch häufig sich verzweigen, endlich U. montana mit erheblich größeren Blättern und häufig sich verzweigenden Rippen; von den Blattzähnen ist meist einer auf jeder Seite so weit ausgezogen, daß das Blatt dadurch dreispitzig erscheint.

Besonderen Schilderungen von Waldgebieten begegnen wir in der Journal-Literatur des vorigen Jahres nicht selten, mehr noch ist in den Berichten der einzelnen Forstvereine niedergelegt, da es Sitte ist, auch über die Excursionen und die auf diesen gemachten Wahrnehmungen Rapport zu erstatten. Aus den Journalen möchten wir Folgendes herausheben:

Unter dem Titel: Aus dem Münchener Excursionsgebiete bringt Gayer in Baurs Centralbl. pag. 81 einen dritten Beitrag. Die erste Excursion ging in den bairischen Wald, in dem man mittels der neuen nach Pilsen führenden Bahn von München aus in 6 Stunden sein kann. Bei einer Erhebung über dem Meere von 500—1200 m, ist das Klima rauh und feucht, strenge schneereiche Winter sind Regel. Fichte, Tanne, Lärche bilden den Bestand. In den Jahren 1870—1878 hat Sturm und Borkenkäfer manches vernichtet; was geblieben, ist aber noch so überreich, daß der Wald eine Bestockungs= fülle und Vorräthe aufzuweisen hat, wie wenige Waldungen. Die Altbestände sind sämmtlich aus Femelmischbeständen hervorgegangen, die jüngeren aus Coulissenhieben und reinem Kahlschlage, in neuester Zeit ist man zur natürlichen Verjüngung zurückgekehrt. Wie überall ist das Zeitalter der Kahlschlagwirthschaft durch reine Bestände kenntlich. Die Kalamitäten der jüngsten Zeit haben die Gefahren und die Vortheile der gemischten Bestände so deutlich gezeigt, daß die Rückkehr zu anderen Verjüngungsmethoden leicht erklärlich ist, zumal auf dem guten Boden und bei der vorhandenen Feuchtigkeit jede Methode anschlägt.

Die Fällung muß der Schneemassen halber im Sommer ge= schehen, im Winter wird das inzwischen verkaufte Nutzholz an die Triftstraßen gebracht und dort später weiter geführt. Das Brenn= holz wird erst auf den staatlichen Holzhöfen verkauft.

Eine zweite Excursion ist nach der Oberförsterei Griesbach, Forstamt Passau, gegangen. Kiefer und Fichte bilden den Bestand, wenig ist die Tanne vertreten, Laubhölzer nur iu Resten. Da die Fichte der Kiefer von den Käufern vorgezogen wird, so ist bei der Nachzucht die Fichte begünstigt. Die Verjüngung geschieht horst= und gruppenweise, so daß die Kiefer zuerst zurückgehalten und zunächst für junge Fichten gesorgt wird. Die Tanne bringt man künstlich ein.

Mit dem Excursionsgebiete von Tübingen macht uns Lorey (Allg. F. u. J. pag. 276) bekannt. T. ist, wie er hervorhebt, vollständig vom Walde umrahmt, so daß man geeignete Demonstrations= waldungen schon in einer halben Stunde bequem erreichen kann. Eisenbahnen vermitteln mit Leichtigkeit die Verbindung nach weiter gelegenen Waldungen, mit Recht legt jedoch Lorey das Hauptgewicht auf die unmittelbare Nähe des Waldes, auf die Erreichbarkeit desselben zu Fuß. Die nächstgelegenen Waldungen stocken auf Keuper, Lias, braunem und weißen Jura. 2 Stunden von Tübingen beginnt das Gebiet der Lettenkohle; an den Thalhängen überall Muschelkalk, der noch weiter westlich sich als breiter Streifen vor dem Buntsandstein und Granit des Schwarzwaldes einschiebt.

Die Ertragsfähigkeit der Reviere ist außerordentlich verschieden, und die Wechselbeziehungen zwischen Holzart und Standort können so ergiebig, wie möglich, studirt werden, die Hauptholz= und alle Betriebsarten sind vertreten.

Ein Anonymus macht uns Mittheilungen über die Tucheler Haide und übertreibt dabei in einer selbst für gutmüthige Leute schroffen Art. Die Tucheler Haide sagt er, geht noch, sie ist wenigstens zum großen Theile bestandener Wald. „Weit schlimmer sind die kahlen Sandsteppen weiter nördlich, namentlich im Kreise Konitz und Berent. Hunderte von Quadratmeilen*) sind hier günstigsten Falls mit einer dünnen Grasnarbe, von der Sandschmiele und hin und wieder einigen Kiefern= kusseln bedeckt. Dazwischen liegen große Flächen offenen Sandes oder was dasselbe sagen will, durch wenn auch nur alle 3—5 Jahre wiederkehrende Beackerung gelockerten Bodens." (Allg. F. u. 278). Der Referent verwechselt wahrscheinlich Quadratkilometer mit der Quadrat= meile oder hat die Anwendung eines Redactionsfactors vergessen. Es bleibt auch so noch genug übrig, wenn er sich der Wahrheit nähert. Von der kleinen Fläche mag er dann von den Sandstürmen erzählen, die für die dortige Gegend ähnlich verderbenbringend ist „wie der Samum für die Bevölkerung der afrikanischen Wüsten." — „Auf dem Freien ist an solchen Tagen überhaupt nicht zu existiren." — Schließlich kommen wir mit dem Referenten aber darin überein, daß die Wiederherstellung des Waldes auf solchen Flächen dringend nothwendig ist.

Die von mir im vorigen Hefte der Chronik als eine Folge der Septemberfröste 1881 vorhergesagte Schütte der Kiefer ist in einem leider nur zu traurigen Umfange eingetreten. Sie hat jeden Kamp, der in

---

*) Der Flächeninhalt des Kreises Berent = 123472 ha
    „   „   „   „   Konitz = 140852 ha
1 Quadratmeile (geogr.) = 5506 ha.

freier Lage dem Froste und dem folgenden intensiven Sonnenschein ausgesetzt war, getroffen, aber sie hat auch weiter die Nadeln der Culturen bis zum Alter von 8 und 9 Jahren geröthet. In den Kämpen ist sehr viel Material vollständig unbrauchbar geworden und mancher Oberförster, der stolz auf den Stand der Pflanzgärten am Ende des Sommers 1881 blickte, kam in Verlegenheit, woher er die Pflanzen für die durch den Plan festgesetzten Culturen nehmen sollte.

Es kann in diesem Jahre absolut kein Zweifel darüber sein, daß der Septemberfrost die Ursache der Schütte war, und vielfach findet man im Walde die deutlichsten Beläge dafür. Dahin rechne ich z. B., daß in geschützten Lagen Kämpe und Culturen häufig frei blieben, angeflogene Kiefern im Altbestande nur sehr selten befallen wurden und Culturen auf schmalen von Altholze gebildeten Coulissen eine durchaus gesunde Färbung der Nadeln zeigten. Es wäre im höchsten Grade interessant, wenn die Erfahrungen dieses Jahres gesammelt werden könnten und das in ihnen enthaltene Gesetzmäßige klar gelegt würde.

In den Forstvereinen ist die Schütte wieder mehrfach zur Sprache gebracht, im schlesischen constatirte man, daß in diesem Jahre eigentlich alle Mittel fehlgeschlagen sind. Selbst das Bedecken mit Sand, welches in einem sächsischen Reviere 12 Jahre lang sich bewährte, half dieses Mal nicht. Im pommer'schen Forst B. empfahl man die Kämpe auf besserem Boden in geschützter Lage anzulegen und gegen Septemberfröste Nachts mit Schirmen oder Matten zu decken. Am Tage werden dieselben wieder fortgenommen.

Das eben genannte in Sachsen angewandte Mittel beschreibt Forstmeister Meschwitz im Thar. J. pag. 131. Wir entnehmen dem Aufsatze Folgendes:

Die Schütte ist eine Erkältungskrankheit, man muß also kalte Lagen vermeiden. Auf höher gelegenem ebenen Terrain, entfernt vom hohen Holze, wähle man die beste Stelle aus und grabe sie 20 cm tief. Die Saat bedeckt man — anderwärts gerade als höchst nachtheilig gefunden — mit Kiefernreisig, was mit dem Erscheinen der Pflänzchen wieder zu entfernen ist. Im September wurden die Pflanzen mit Erde übersiebt, die Nadeln dann wieder befreit, so daß also die Stengel geschützt blieben. Spült Regen die Erde ab, so ist die Uebersiebung zu wiederholen. Die Operation scheint mir im Wesentlichen denselben Effect wie das Anhäufeln hervorbringen zu sollen. Nicht unerwähnt möchte ich endlich ein Mittel lassen, was Forstmeister Boßfeld als probat fand: Die ein= und zweijährigen Pflanzen werden, wenn sie die böse stahlblaue Farben zeigen, Ende September, Anfang October vorsichtig herausgenommen, in 70—80 cm erhöhte trockene Beete mit sorgfältiger Schonung der Wurzeln reihen= weise eingeschlagen und mit dünner Laubschicht bedeckt. Versuche zeigten, daß die in den Saatbeeten stehen gebliebenen von der Schütte sehr heftig zu leiden hatten, während die eingeschlagenen verschont waren.

Von Schnee hatten die Wälder nicht zu leiden, wohl aber machte sich hier und da der Mangel desselben fühlbar. So sind in den Alpen auf großen Flächen die Alpenrosen, Heidelbeeren und Wachholder zum Absterben gebracht, zugleich aber auch 1—20 jährige Fichten. Die Zürbelkiefer litt dagegen nicht (H. Centralbl. pag. 330). In Oester= reich war die große Zahl von Waldbränden im Winter nur möglich wegen des fehlenden Schneees. Im Murthale sind beispielsweise 15 im Ennsthale 12 Brände bemerkt (Oest. Mon. pag. 245).

Der üble Einfluß des Wind= und Schneebruchs auf die Nutz= holzgewinnung wird uns durch runde Zahlen (Oest. Mon. pag. 207). vorgeführt, welche den Wirthschaftsbüchern zweier Nadelholzreviere entnommen sind: In dem einen Forste gewann man in den Schlägen von der haubaren Nadelholzmasse 42% Nutzholz, während man vom Wind= und Schneebruchholze des hiebsreifen Alters nur 24% erhielt. In dem zweiten Reviere stellten sich die Zahlen auf resp. 57 und 30%.

Im Spessart wurden im Jahre 1878 Gerten= und Stangen= hölzer durch Schneedruck nicht unbedeutend geschädigt. Man suchte zu retten, was zu retten war, dadurch, daß man die gedrückten Stämme aufrichtete und mit Wieden festband. Das Mittel hat sich bewährt, ebenso wie das einfache und billigere, die gedrückten Stämme zu köpfen (Allg. F. u. J. 325).

Das Sündenregister der Insekten, soweit es bekannt geworden, ist ein mäßiges; wirkliche Calamitäten sind nicht zu registriren.

Die Tannenrindenlaus (Chermes piceae Ratz.) ist in großer Menge in der Nähe von Olmütz aufgetreten, hat aber fast gleich=

zeitig ein Gegengewicht durch starke Vermehrung von Syrphus seleneticus, ihrem Todfeinde, gefunden (Hemp. Centr. p. 252). Bostrichus curvideus ist im Agramer Bezirk in den Waldungen der Otocaner Vermögensgemeinde schädlich aufgetreten (Hemp. Centr. p. 278). Die Processionsraupe hat bei Sissek in Oesterreich gefressen (Hemp. Centr. p. 380). Der Buchenaufschlag ist vielfach durch Insecten und andere Thiere vernichtet (Z. f. F. u. J. 547).

Eine Reihe von „neuen" schädlichen Weideninsecten führt uns Altum vor. Es ist Cimbex amerinae als Larve, Chrycomela tremulae als Käfer und eine noch nicht näher bestimmte Ackereulenraupe. Chrysomela vitellinae ist ebenfalls schädlich aufgetreten (Z. f. F. u. J. 605).

Kreisforstmeister Lang in Baireuth hat die Entwickelung von Cleonus turbatus (Curculio glaucus Ratz.) beobachtet und bestätigt die Gefährlichkeit des Larvenfraßes für junge Kiefern. Als letztes Abwehrmittel erscheint der Fanggraben, um die Käfer beim Einmarsch in die Cultur zu vernichten (B. Centralbl. 502).

Zwei Buprestiden hat Oberf.-Cand. Schreiner in Kiefern beobachtet. Den Fraß schildert er als derartig, daß sehr wohl das Eingehen der Pflanzen durch denselben erklärlich ist (Z. f. F. u. J. p. 52).

Die Gespinnstblattwespen Lyda pratensis (F.) und hypotrophica haben in den letzten Jahren vielfach gefressen. In der Entwickelungsgeschichte der Blattwespen ist manches noch unklar, und auch der gegenwärtige Fraß hat zur Klärung der Sache nicht viel beigetragen. Nachrichten über das schädliche Vorkommen des Insects haben wir aus den Preußischen Revieren Grünberg, Hoyerswerda, Reichenau, Börnichen, Reppen, Jauer, Jänischwalde, Annaburg, endlich vom Kamme des Riesengebirges aus der Knieholzregion. Am weitesten verbreitet war pratensis. Sie befällt Stangen und Baumholzorte, nur im Nothfalle Schonungen. Der Fraß ging in Grünberg bis zur vollen Entnadelung, in Hoyerswerda wird wahrscheinlich ein nicht unerheblicher Kahlabtrieb erfolgen müssen, während in den anderen Revieren es mit starken Durchforstungen abgethan sein wird. Während pratensis in Kiefern, haust hypotrophica in Fichten. Sie ist nur in Reichenau (Oberschlesien) aufgetreten. Nach den Beobachtungen des Revierförsters Hochhäusler schwärmen die Wespen um den 1. Juni herum. Auf einen sehr starken Flug erfolgte in demselben Jahre kein Fraß, so daß die Frage, wie lange der Ei=zustand dauert, offen bleibt. Ebenso läßt sich noch nicht bestimmt sagen, wie lange die Larve unverpuppt in der Erde ruht: $1\frac{1}{2}$ Jahr wird vermuthet. Als Gegenmittel werden Schweineeintrieb und Sammeln empfohlen.

Der Kiefernspanner fraß in pommerschen Revieren (Z. f. F. u. J. pag. 508). Der Umgegend von Eberswalde steht nach Altums Beob=achtungen eine Massenvermehrung bevor von B. pudibunda vom Kiefern=Schwärmer, Eule, Spanner und Spinner. Nun den letzten Feind können wir jetzt, sobald es nöthig ist, unschädlich machen, denn wir besitzen nunmehr nicht weniger als vier verschiedene Fabrikate, die sich für die Anlegung von Raupenringen vortrefflich eignen. Comparative Versuche, die in Eberswalde angestellt wurden (Z. f. F. u. J. pag. 493) ergaben folgendes Resultat: Stets und bei dem verschiedensten Wetter blieben die Ringe vollständig und ausreichend lange fängisch. Zwar lief beim Eintreten der Wärme ein Theil der Ringe nach unten hin ab; der bezweckten Wirkung wurde jedoch dadurch während der ganzen Steigezeit der Raupen kein Abbruch gethan. Die Nordseite der Ringe bleibt vier Monate lang fängisch, während die Südseite nach zwei Monaten einzelne trockene Stellen bekommt. Die Fabrikate stammen aus den Fabriken von Schindler u. Mützell in Stettin, Huth u. Richter in Berlin, Ludwig Polborn daselbst und J. H. Gamm in Bromberg.

Die Maikäfercalamität, die einige Jahre nur gering war, scheint mit erneuter Kraft auftreten zu wollen. Um so größere Bedeutung erhält ein von Eichhoff angegebenes Mittel, nämlich Fangknüppel und Fangrinden auch gegen den Engerling auszulegen. Wir erfahren darüber (Z. f. F. u. J. pag. 610) Folgendes· Das Legen der Fang=hölzer und das Auflesen der Engerlinge geschieht am besten bei Be=ginn der wärmeren Jahreszeit in den beiden auf den Hauptflug folgenden Jahren. Man beginne damit womöglich schon im Früh=jahre und Sommer vor oder gleichzeitig mit Ausführung der Saaten oder Pflanzungen auf den bereits vorbereiteten Flächen. Vor dem Einlegen der Hölzer empfiehlt es sich, das Erdreich zwischen den

Saat= oder Pflanzenrillen oberflächlich so aufzulockern bezw. auszu=
schürfen, daß die Fangknüppel etwa mit der Hälfte ihres Stärke=
umfanges in flache Erdrinnen eingesenkt werden. Dadurch behalten sie
nicht nur länger ihre erforderliche Frische, sondern sie werden auch
für die Engerlinge zugänglicher. Das Auflesen muß häufig und so
lange geschehen, bis keine mehr gefunden werden. Aspen, Salweiden,
Eschen, Eichen, zartrindige Nadelholzknüppel werden als besonders
geeignet empfohlen. Die Anstellung von möglichst umfangreichen Ver=
suchen über den Nutzen des neuen Mittels ist angeregt.

Interessant ist übrigens die Thatsache, daß in Süddeutschland
die Entwickelung drei Jahre dauert (v. Nördlinger in Hemp. Centr.
pag. 401), in Mitteldeutschland haben wir vierjährige Perioden, und
jetzt erfahren wir, daß in Ostpreußen die Flugperioden fünfjährig sind.
Die Taxationsnotizbücher der Oberförstereien in der Johannisburger
Haide geben als Flugjahre an: 1866, 1871, 1876, 1881. Ein
Zweifel über die Richtigkeit der Erscheinung kann daher wohl nicht
obwalten. Forstmeister Gericke zieht mit Rücksicht darauf, daß in
Süddeutschland die Periode dreijährig ist, den Schluß, daß die ver=
schiedene Zeit der Entwickelungsdauer lediglich von der Wärme ab=
hängig ist, ein Moment, was vielleicht noch manche andere Differenz
aufklären wird. Wir haben dann noch der Verhandlungen über die
Maikäfer=Vertilgungsfrage im deutschen Landwirthschaftsrath zu ge=
denken, wenn sie auch kein positives Ergebniß lieferte. Der Referent
Geh. Oberforstrath Dr. Judeich hatte beantragt, den bekannten
Raupenparagraphen des Strafgesetzbuchs dahin abzuändern, daß er
lautet: Wer das durch gesetzliche oder polizeiliche Anordnungen gebotene
Raupen oder Tödten von Maikäfern und Engerlingen unterläßt 2c.
Diesem Antrag fügte Dr. Bürstenbinder bei: Der deutsche Landwirth=
schaftsrath erklärt: daß die Verordnungen zum Sammeln und Tödten
der Maikäfer und Engerlinge nur dann den gewünschten Erfolg haben
werden, wenn auch die Besitzer der an die Feldmarken stoßenden
Waldungen, sowohl Private wie Fiskus, sich den beschlossenen Ver=
tilgungsmaßregeln anschließen und nach einem angemessenen Verhältniß
zu den dadurch erwachsenden Kosten beitragen. Endlich wurde durch
v. Hövel ein Antrag eingebracht: In Anbetracht, daß die Polizei=
gewalt der Localbehörden vollständig ausreicht, um Vertilgungsmaß=

regeln schädlicher Thiere zu veranlassen, geht der deutsche Landwirthschaftsrath über den Antrag des Referenten zur Tagesordnung über.
Alle Anträge wurden schließlich abgelehnt.

Professor Henschel veröffentlicht seine Beobachtungen über die
Kropfkrankheit der Eiche (Hemp. Centr. pag. 54). Demnach wird
sie hervorgerufen durch ein Insect, die Eichenfinne Gongrophytes
quercina, welches sich in den Anschwellungen entwickelt. Der Kropf
besteht zuerst aus einer glatten Halbkugel oder flachbohnenförmigen
Galle, bei zunehmendem Alter tritt eine Verborkung ein, Längs- und
Querrisse erscheinen, die allmälig in die Form von Klüften übergehen.
Die Borke und Rinde bröckelt später ab, und mit den Stücken fällt
die Finne zu Boden. Es stirbt dann der Splint zuerst unter der
Kropfstelle ab, später der ganze darüber befindliche Stammtheil.

Die Eichhoff'schen Beobachtungen über den Flug der Borkenkäfer haben in der wissenschaftlichen Welt große Beachtung gefunden,
der praktischen sind sie vielfach noch nicht ausreichend bekannt, und ich
möchte daher aus einem bezüglichen Aufsatze von Professor Dr. Nüßlin
zu Karlsruhe (Allg. F. u. J. pag. 76) Folgendes mittheilen: Die
Art der Entwickelung der Borkenkäfer bringt es gradezu als Gesetz
mit, daß zu jedem Datum im Nachfrühjahr und Sommer fort-
pflanzungsfähige Familien bereit sind, welche bei geeignetem Brut-
material alsbald ihrem Brutgeschäft obliegen, dagegen in Kulturen
und Altbeständen durch Fraß Schaden anrichten, wenn ihnen das
Material zur Ablage der Bruten fehlt. Daraus entwickelt Eichhoff
die Forderung: Fangbäume vom Frühjahr bis October den Insecten
anzubieten. Ferner erhellt aus den Zeitberechnungen, daß die letzten
Käfer der ersten Generation ungefähr zu gleicher Zeit wie die ersten
der zweiten Generation entwickelt sind, und daß die letzen Käfer der
zweiten Generation ungefähr zwei Monate später fertig sind als die
ersten der dritten Generation. So greifen die Generationen in einander
über, und es ist gradezu unmöglich zu sagen, ob eine späte Brut einer
zweiten oder dritten Generation angehört. Prof. Altum ist mit
Eichhoffs Sätzen über die Fangbäume nicht einverstanden, und dieser
vertheidigt sie nochmals. Der Aufsatz schließt (Z. f. F. u. J. pag. 253):
Man biete den Borkenkäfern und anderen schädlichen Forstinsecten zu
allen ihren Schwärmzeiten willkommenes Brutholz mit stockenden

Säften, dann werden sie das minder willkommene gesunde und die Kulturen unbehelligt lassen, und man vertilge regelmäßig alle ihre in den angebotenen Hölzern niedergelegten Bruten vor der Entwickelung zur Puppe.

In einem anderen Aufsatze (Z. f. F. u. J. pag. 333) theilt er dann seine weiteren Erfahrungen über den Erfolg des Fangbaum=werfens mit. Es ist von ihm im letzten Jahre namentlich beobachtet Pissodes notatus, auch dieser hat demnach eine doppelte Generation im Jahre, so daß zweimal die Abwehr geschehen muß. Eichhoff weist nach, daß der Käfer als Brutholz nicht blos 8—12 jährige Pflanzen nimmt, sondern daß man ihm auch gefälltes Fangholz selbst mit dickborkiger Rinde, wie solche gegen piniperda von Erfolg ist, während der Schwärmzeit anbieten kann, um ihn dann nachher in Massen zu vertilgen und vielleicht von werthvollern Pflanzen abzu=halten. Auch das Sammeln und Verbrennen der Zweigspitzen kann empfehlenswerth sein. Pissodes hercyniae läßt ebenfalls 2 Generationen vermuthen, auch er geht an Fangbäume, ebenso wird nach Eichhoff das Mittel wirksam sein für Piss. piniphilus, piceae, pini. Auch für Hylotius abietis soll eine doppelte Generation nachweisbar sein. Auffallend ist es, daß trotz so vieler sorgfältiger Beobachtungen über einen Käfer, der alljährlich uns die größte Arbeit verursacht, die Acten bezüglich der Entwickelung noch nicht einmal geschlossen sind und Autoritäten mit hervorragender Beobachtungsgabe zu ganz verschiedenen Resultaten kommen. Endlich finden wir im Novemberheft der forstl. Bl. pag. 321 einen Aufsatz: Zur Generation der forstschädlichen Rüssel= und Borkenkäfer nebst erwidernden Bemerkungen von Borggreve, beide wesentlich polemischer Natur.

Wir wollen dann erst aus dem Gebiete des Forstschutzes folgende Einzelheiten erwähnen:

Die Spechte sind nun auch officiell auf die Anklagebank gebracht. Seitens der Telegraphen=Verwaltung wird ihnen zur Last gelegt, daß sie die Stangen der Leitung anhacken, namentlich, wenn sich in den=selben Löcher von Aesten oder eingeführt gewesenen Schrauben befinden. Krähen und Sperlinge werden in Sachsen demnächst nicht mehr als zu schonende Thiere behandelt werden. Neben allem Nutzen, den sie durch Vertilgung von Ungeziefer stiften, treiben sie doch durch Ver=

zehren von Sämereien und jungen Pflanzen einen zu großen Unfug, um ohne Schranken sich vermehren zu dürfen.

Forstmeister Baudisch hat die Ringschäle der Weißtanne beobachtet und tritt der Ansicht entgegen, daß dieselbe lediglich durch Freistellung unterdrückter Stämme entsteht, denn nicht immer sind die auf den losgetrennten Ring folgenden breit, vielmehr mitunter ebenso schmal als die ringschäligen. Der Stamm hat also weiter noch im Drucke gestanden. Baudisch vermuthet, daß die Lage — Ebene oder Hang — dann aber Ursachen physiologischer Natur die Krankheit hervorrufen (Hemp. Centr. pag. 403).

Eichhörnchen haben im Murthale (Obersteiermark) sehr erheblichen Schaden durch Abnagen der Rinde am Schafte von Nadelhölzern gethan (Hemp. Centr. pag. 489).

Eichelkampsaaten kann man durch Deckung mit Gerberlohe gegen Mäusefraß sichern (Allg. F. u. J. pag. 106).

Naphta wird als Schutzmittel gegen das Verbeißen von Fichtenpflanzen durch Rehwild empfohlen (Oe. Mon. pag. 346).

Fragen der Betriebsregulirung sind verhältnißmäßig wenig behandelt.

Die Auseinanderlegung der Altersklassen durch die Wirthschaftsdispositionen hat Borggreve bezüglich ihrer Zweckmäßigkeit wieder in Zweifel gestellt, nachdem sie viele Jahre hindurch unbedingt anerkannt war. Die Feuersgefahr bei großen gleichalterigen Complexen giebt er noch zu, begleitet sie aber bereits mit einigen einschränkenden Bemerkungen und kommt schließlich dahin, die Verminderung der Feuerschädlichkeit, welche durch Zerreißung der Altersklassen erreicht werden könnte, als ein Motiv dafür, die mit letzteren verbundenen wirthschaftlichen Nachtheile und Gefahren zu übernehmen resp. heraufzubeschwören, für 90—95 % der Waldgebiete in keiner Weise anzuerkennen.

Die Verminderung der Insectencalamität für Laubwald ist eine Abgeschmacktheit, für den Nadelwald kann man sie höchstens für die Kiefer zugeben. Die Anlegung von Theerringen beim Fraß des großen Kiefernspinners wird aber den Wald besser schützen, als die Trennung der Altersklassen. Wie man Verminderung der Sturmwirkung in's Treffen führen kann, ist B. überhaupt ein Räthsel.

Er berichtigt dabei die irrigen Ansichten über den Effect eines Sturmes; nach ihm braucht ein Sturm stets Zeit, um ordentlichen Schaden zu thun. Ganz unhaltbar ist für B. die Behauptung, daß durch Verzettelung der Altersklassen die Arbeit besser unter das Betriebspersonal vertheilt wird. Was die Verbesserung des Absatzes betrifft, so ist für dieselbe das Springen der Perioden zunächst in keiner Weise von irgend einem Vortheile. Für den Waldwegebau ist die Trennung der Altersklassen aber direkt schädlich, denn sie bewirkt, daß mit vielem Gelde doch oft nur wenig erreicht wird (F. Bl. 65).

Gegen die Ansichten, die B. hinsichtlich der Sturmgefahr ausspricht, opponirt Oberförster Pilz zu Pfalzburg, die übrigen Gründe läßt er gelten. Für Buchen- und Tannenwirthschaft im Gebirge hält er die Gefahren aus Stürmen jedoch für derartig, daß alle anderen Rücksichten bei Aufstellung des Betriebsplanes sich unterordnen. Kleine Schlagflächen aber, wie solche sich durch eine zweckmäßige Trennung der Altersklassen ergeben, verdienen den Vorzug. Wesentlich gesichert wird sodann die Isolirung der Wirthschaftsfiguren von einander durch Bildung von dichten Bestandsmänteln, durch breite Schneißen, Wege und Aufhiebe, zweckmäßige Lage der Grenzen und endlich künstliche Befestigung der Bestandsränder. Bei durchgeführter Isolirung ist es möglich, jeden District anzugreifen, wann man will, und jede Conjunctur zu benutzen (F. Bl. pag. 168).

Eine zweite Entgegnung schreibt Oberförster Pöpel zu Reichstein (Baur Centr. p. 609). Er erhebt seine Einwände mit Bezug auf Nadelholzwirthschaft und erklärt, daß er für diese eine mehrjährige Einrichtungspraxis hinter sich habe, in der er eine Neigung für Altersklassenzerreißung nicht verleugnen konnte; dieselbe sei aber heute beinahe noch mehr ausgeprägt.

Eine weitere Erwiderung bringt Oberförster Meyer zu Bischofswald, worin er nachweist, daß die erstrebte, mehr Abwechselung in den Altersklassen hervorrufende Bestandsordnung außer der sehr erheblichen Verringernng der Feuersgefahr auch die Insectengefahr sehr bedeutend abstumpft, eine gleichmäßige Vertheilung der Arbeit herbeiführt, den Absatz erleichtert und unter Umständen auch die Windbruchgefahr verringert (Z. f. F. u. J. p. 696).

v. Fischbach-Sigmaringen veröffentlicht (Z. f. F. u. J. p. 679) eine historische Studie über Schlagordnung und Hiebsfolge, Würdigung des Nutzens von Waldmänteln und endlich Schachenschläge und Coulissenhiebe.

Auf dem Gebiete der Reinertragslehre kämpft Wagener weiter für die Durchbringung seiner Ideen, er publicirt in der Allg. F. u. J. p. 76 einen Aufsatz: Ueber die Methoden der forstlichen Rentabilitätsrechnung. Ich führe daraus einen Satz an: Es handelt sich im Wesentlichen um die Frage, in welcher Weise der Unternehmergewinn, der durch Einführung einträglicherer Wirthschaftsverfahren im großen Waldbetriebe erzielt werden kann, bemessen werden soll. Nach der Preßler'schen Methode wird dieser Wirthschaftsnutzeffect nach den Unterschieden im Erwartungswerthe des holzleeren Bodens bestimmt, die sich ergeben, wenn man die zukünftigen Erträge dieser Waldblößen bei verschiedenen Abtriebszeiten auf die Gegenwart discontirt und den Jetztwerth der Kosten abzieht. Nach Wageners Ansicht entspricht dagegen der Unternehmergewinn den Unterschieden der sog. Walderwartungswerthe, die sich berechnen, wenn man die aus den vorhandenen Holzbeständen und der Nachzucht zu erzielenden Einnahmen und die erforderlichen Ausgaben für die wählbaren Wirthschafts-Verfahren bestimmt und auf die Gegenwart discontirt.

Der Einfluß der Reinertragslehre in Sachsen stand 1881 im sächsischen Forstverein zur Debatte. Aus dem jetzt vorliegenden Referate des Oberförsters Beyreuther möchten wir hervorheben, daß er ihn folgendermaßen präcisirt hat: die Werthsermittelung von Wäldern zum An- und Verkauf ist in feste durchsichtige Regeln gebracht, das Culturwesen hat sich unter Berücksichtigung des Einflusses, den die Anlagekosten auf den Endertrag ausüben, den practisch-financiellen Seiten zugewendet; in Folge dessen ist allerdings der Laubholzanbau beschränkt. Der Waldwegebau hat sich gehoben, weil nur durch gute Wege die beste und günstigste Verwerthung der Waldproducte ermöglicht wird, ein intensiverer Durchforstungstrieb hat Platz gegriffen und dient dem doppelten Zwecke, durch Vornutzungen das Bestandsconto zu entlasten und durch den Lichtungszuwachs die Bestände schneller hiebsreif zu machen. Die Umtriebszeit kann bei Anwendung der Reinertragstheorie nie in extrem hohe Festsetzung verfallen, auch soll sie sich durchaus nicht zu niedrig stellen. Aus der

Flächenabnutzung wird nachgewiesen, daß der Umtrieb seit 1850 höher geworden ist. Jedenfalls wird die Reinertragstheorie davor bewahren, die financiell richtige Umtriebszeit unbeachtet zu lassen, also z. B. auf 80 Jahre zu gehen, wenn 60—70jähriges Holz das bestbezahlte ist. Der Naturaletat ist in den letzten 30 Jahren um 40°/₀ gestiegen. Durch Einführung der Reinertragstabelle ist unter den Revierverwaltern der Wetteifer wach gerufen, die höchsten Reinerträge zu erwirthschaften (Allg. F. u. J. 4).

Zur Reinertragspraxis betitelt sich ein Aufsatz vom Rigaischen Forstingenieur und Docenten am Polytechnicum Ostwald (Thar. J. 81). Ein zum jährlichen Betriebe einzurichtender Hochwald soll gleichmäßig hohe Nutzungen bringen, die vorliegenden Marktbedürfnisse und Verhältnisse befriedigen und den Holzvorrath auf richtige Höhe bringen und darauf erhalten. Der finanzielle Umtrieb giebt ein Hülfsmittel zur Erreichung dieses Zweckes. Leider ist aber die Anwendbarkeit dieses Mittels gegenwärtig noch eine räumlich sehr beschränkte, und man muß versuchen, unter Verzichtleistung auf die Calculirung und Verwendung des financiellen Umtriebs doch den Grundforderungen der Reinertragstheorie thunlichst Rechnung zu tragen. Als Ausweg dient, für jede der drei für den Nachhaltbetrieb gestellten Forderungen einen Etat aufzustellen und dann das Mittel zu nehmen. Die Nachhaltigkeit der Nutzung will O. gewahrt wissen durch Hieb nach den Haubarkeitsdurchschnittszuwachs. Der Marktetat soll diejenige Holzmasse nach Quantität und Qualität ergeben, die abgesetzt werden kann ohne Preisstörung. Hier kommen wir natürlich etwas stark in die Theorie und sollen uns daher mit Näherungswerthen begnügen, die in großen Zügen ermittelt sind. Für den dritten Etat fordert O. die Kenntniß vom Werthe des Holzvorrathskapitals. Der Kostenwerth wird als maßgebend betrachtet und eine für Ermittelung desselben eingerichtete Buchführung gefordert. Als Zinsfuß wird derjenige gewählt, den der Waldbesitzer mit den vorhandenen Productionsmitteln „nachhaltig mindestens realisirt, wenn möglich aber überstiegen zu sehen wünscht". Die Weiserprocentformel für die Berechnung der Hiebsweise des Bestandes wird modificirt gegeben. Das System fordert nun, daß der definitiven Bestimmung des dritten Etats vorangehen muß die Waldeintheilung, die Gruppirung der Hiebszüge, welche auf Grund der Rentabilitätsberechnungen durchzuführen ist. Der Etat geht endlich hervor aus den wirthschaftlichen Nothwendig= keiten und den nach dem Weiserprocente hiebsreifen Beständen. Die 3 Etats sind dann gegen einander abzuwägen und der definitive thun= lichst so festzusetzen, daß er allen genügt. Uebrigens ist, wie Ober= förster Poehlmann in Schnaittach (Baur. Centr. p. 402) hervor= hebt, gegenwärtig in dem Streite zwischen Brutto= und Nettoschule die Schärfe und Lebhaftigkeit nicht mehr wie früher bemerkbar. Er bringt das zum Theil in ursächlichen Zusammenhang mit der un= günstigen Lage des Holzmarktes. Der Theuerungszuwachs ist eine mehr und mehr hinschmelzende Größe geworden. Wer weiß, was davon schließlich übrig bleibt.

Die österreichische Cameraltaxation ist erneuten Besprechungen unterzogen in Folge von kritisch=historischen Aufsätzen, die Akademie= director a. D. Newald in den Mittheilungen des niederösterreichischen Forstvereins erscheinen ließ. Newald wirft dem Verfahren vor, daß es zu Absurditäten führt, z. B. sobald der Vorrath sehr klein wird. Dann kommt als Etat immer noch mehr als der halbe Nor= malzuwachs heraus. Er hält es daher auch für nicht richtig, daß dies Verfahren noch in der österreichischen Instruction für Betriebs= Einrichtung Beachtung gefunden hat. Die Vertheidigung übernimmt Micklitz im Tharander Jahrbuch und in der Oe. Mo. p. 320, sowie Hoffecretair Bauer das. p. 301, indem sie vor allen Dingen darauf hinweisen, daß eine sehr wesentliche Verschiedenheit in der Auffassung des Zuwachses und Vorraths vorliegt, zwischen der österreichischen Cameraltaxe nach dem Hofkammernormale und den Vorschriften der Instruction von 1878. Den Zusammenhang zwischen Cameral= taxe und dem Hundeshagen'schen Nutzungsprocente bespricht Weise (Z. f F. u. J. p. 700).

Die Verwendbarkeit der Formzahlen und der nach ihnen aufge= stellten Massentafeln erweist sich, je weiter die Forschung kommt, als eine durchaus sichere. Bereits in früherer Zeit hat sich ergeben, daß die bairischen Massentafeln, die also nur solches Material enthalten, das in Baiern gesammelt ist, sich mit gleicher Sicherheit in Preußen, Württemberg und Hessen anwenden lassen. Auf Grund des nach ge= meinschaftlich verabredetem Arbeitsplane beigebrachten neuen Form=

zahlmateriales stellten im Jahre 1881 Kunze und Weise gleichzeitig Formzahlen für die Kiefer auf. Beide kommen, namentlich wo die Fülle der Untersuchungen den Einfluß subjectiver Ansicht ausschließt, zu beinahe denselben Resultaten. Kunze giebt z. B. auf p. 20 die Derbholzformzahl für 23 m Höhe zu 0,458 an, für 24 m zu 0,456. Die Durchschnittszahl aus dem Preußischen Material für die Baum= längen 23,1—24,0 m, also 23,5 Mittelhöhe, ist 457.

Ich bin fest überzeugt, daß wir auch sonst zu genau denselben Resul= taten gekommen wären, wenn für jede Höhe z. B. 20 Untersuchungen in Rechnung getreten wären. In diesem Jahre liegen für die Fichte zwei Bearbeitungen vor, die eine von Kunze, die andere von Lorey. Letzterer hat sein Material nach vielen Richtungen hin gruppirt und dadurch eine sehr weit gehende Trennung herbeigeführt, welche das Gesetzmäßige nach manchen Richtungen hin nicht mehr so klar hervor= treten läßt, weil die großen Durchschnitte verloren gehen.

Kunze giebt wie bei der Kiefer eine Tafel, in der die Formzahl nur von der Höhe abhängig ist. Er thut es, weil seine Unter= suchungen folgendes Ergebniß haben: Es ist die Baumformzahl nach dem Durchschnitt von 365 Stück bei 10 m Höhe 0,751

"	"	"	"	"	264	"	"	12	"	"	0,706
"	"	"	"	"	290	"	"	14	"	"	0,672
"	"	"	"	"	286	"	"	16	"	"	0,657
"	"	"	"	"	274	"	"	18	"	"	0,639
"	"	"	"	"	334	"	"	20	"	"	0,630
"	"	"	"	"	325	"	"	22	"	"	0,619
"	"	"	"	"	211	"	"	24	"	"	0,598
"	"	"	"	"	156	"	"	26	"	"	0,580
"	"	"	"	"	115	"	"	28	"	"	0,553.

Die Formzahlen fallen hier mit steigender Höhe in durchaus gesetz= mäßiger Weise.

Die Lorey'sche Arbeit giebt Assistent Braza in München Ver= anlassung, den Einfluß des Alters auf die Form einer besonderen Besprechung zu unterziehen. Aus theoretischen Betrachtungen heraus kommt er zu dem Schlusse, daß alle Massentafeln, mögen sie mit eng begrenzten oder weit auseinandergezogenen Altersklassen gebildet worden sein, den durch das Alter und die verschiedenen Wachsthumsbedingungen bewirkten Formenverschiedenheiten principiell nicht zu genügen ver= mögen. Gegen den weiteren Schluß, daß demnach Massentafeln auch keine genügende Bestandsschätzungsmittel sein könnten, verwahrt er sich indessen ausdrücklich. Braza's Resume geht dahin, daß die Bedeu= tung, welche dem Alter bei der Aufstellung von Massentafeln einge= räumt ist, durchaus nicht in dem vermutheten Maße besteht.

Die Aufstellung der Ertragstafeln hat die Literatur auch im vergangenen Jahre wieder beschäftigt. In die Reihen der Gegner von Weisermethoden ist jetzt in bestimmter Form auch Professor Schuberg getreten. Als neue Gabe bringt er dafür hinzu das Gesetz der Stammzahlen, die Einwirkung desselben auf die bestandsbildenden Factoren. Nun leugnet Niemand den Einfluß der Stammzahl z. B. auf die Größen, Mittelhöhe oder Durchmesser des Mittelstammes, aber bezüglich der weiten Anwendung der Stammzahlen kämpft auch Schu= berg vorläufig noch ohne Gefolge. Wesentliches aber bringen seine Darlegungen für die Theorie der Durchforstungen. Sie zeigen, daß die Fortnahme von ziemlich bedeutenden Stammzahlen der Masse nach sich ersetzt durch den nach der Durchforstung gesteigerten Zuwachs, sie führen den Beweis, daß die Stämme, um überhaupt zu normaler Entwickelung zu kommen, auch des normalen Wachsraumes bedürfen. Eine Verringerung desselben verringert die Ausbildung des Stammes nach Höhe und Durchmesser (Baur Centr. pag. 137).

Angeregt durch die Bemerkungen über die Kiefern=Ertragstafeln in Baurs Rothbuche bespricht Weise (Z. f. F. u. J. pag. 291) einzelne Fundamentalsätze der Baur'schen Bearbeitung und zeigt, daß ein Uebergreifen der Massen von einer Bonität in die andere auch bei dem gesichteten Baur'schen Materiale vorliegt, sobald consequent die Höhe als Criterium der Bonität angenommen wird. In seiner Zeitschrift (pag. 388) kündigt Baur in lesenswerther Form eine Entgegnung an.

Berechnungen über die Erträge einzelner Holzarten giebt Wimmen= auer. Die Buche steht danach gewaltig zurück, reichliche Beimischung von Eichen und Nadelholz hebt die Erträge bis zu denen reiner Kiefernbestände, durch Unterbau mit Buchen erhöhen sich wieder die Erträge dieser. Weit über allen aber steht die Rentabilität des Fichten= waldes (Allg. F. u. J. pag. 283).

Wie bestimmt man das Alter eines Weißtannenbestandes? Diese Frage bietet für die Beantwortung deshalb so große Schwierigkeiten, weil keine andere Holzart soviel verlorene Jahre hat und erträgt wie diese. Zehn Jahre mehr oder weniger sind für den schließlichen Effect oft ganz gleichgültig. Die wirthschaftliche Behandlung übt bei keiner andern Holzart eine solche Wirkung aus, wie bei ihr. Lorey hat bei seinen Arbeiten und Untersuchungen den Ausweg gewählt für die Jugendperiode der Engringigkeit, je nach dem Durchmesser derselben bestimmte Zahlen von Jahren dem bis dahin durch Jahrringzählung ermittelten Alter aufzurechnen und sich nicht um die factisch in dem Stücke enthaltenen Jahresringe zu kümmern (Allg. F. u. J. pag. 263).

Ueber die technischen Eigenschaften der Hölzer liegt eine ganze Reihe von Publicationen vor: Forstrath Dr. v. Nördlinger theilt in Hemp. Centr. Bl. pag. 281 seine Untersuchungen über die Druck= festigkeit des Holzes mit. Darunter wird die Kraft verstanden, mit der ein Körper der Last widersteht, die ihn zu zerdrücken, zu zer= quetschen sucht. Bei gleichem Gewichte stehen die Nadelhölzer voran, dann folgen Pappeln, Linden, einige Weiden, Robinien, gemeine Erle, Edelkastanie — Buche, Punusarten, Pirus torminalis — Birke, Alnus incana Ulme — Evoeyums, Carya alba, Ahorne, Roßkastanie, Hainbuche, Esche, Platane, Apfel, Eichen — Celtis, Cornus — endlich Ailanthus, Citrus, Sophora. „Von letzterer ist nahezu die doppelte Masse nöthig um die einfache der Nadelhölzer zu ersetzen." Die Brüchigkeit der Akazie wird von Vonhausen entschieden in Abrede gestellt, nach derselben Mittheilung ist sie auch sehr unempfindlich gegen Hüttenrauch, sie leidet aber sehr unter dem Schlagen der Rehböcke. (Allg. F. u. J. pag. 252.)

Die Härte einiger Holzarten ist von Hampel=Gußwerk unter= sucht dadurch, daß er einen Meißel mit einer Maschine verband, die denselben gegen das Holz mit einer Federkraft von 17 kg schleuderte. Der Eindruck, den der Meißel zurückließ, wurde gemessen. Die gefundene Härtescala ist Taxus, Rothbuche, Bergahorn, Esche, Birke, Feldrüster, Lärche, Fichte, Kiefer (Hemp. Centr. pag. 5).

Eine Anfrage Seitens eines Fabrikanten nach dem Holze von Flex veranlaßte eine ziemlich ausführliche Antwort von „Einem, der sich mit diesem Gewächse bereits befaßt hat" (Oe. Mon. pag. 61).

Dem Holze wird wegen seiner großen Festigkeit und der feinen Politur, die es annimmt, erhebliche Verwendbarkeit nachgerühmt. Es kann daher auch vielen Orts Gegenstand einer lohnenden Cultur werden. Mit Lebhaftigkeit tritt B. dafür ein, den Flexstrauch als forstliche Culturpflanze in den Kreis von Versuchen zu ziehen.

Der notorische und sehr bedeutende Einfluß des Standorts auf die Dichtigkeit des Holzes veranlaßte Hampel-Gußwerk, Unter-suchungen für Obersteiermärkisches Holz anzustellen. Die Durch-schnittszahlen, welche er erhielt, weichen sehr erheblich von anderen schon bekannten Angaben ab: die Fichte hat danach 0,40, die Kiefer 0,45, Lärche 0,41, Buche 0,55, Birke 0,47, Bergahorn 0,65, Feld-rüster 0,64, Esche 0,70 als specifisches Gewicht.

Forstmeister Roth zu Zwingenberg im Odenwald hat Versuche angestellt über die Verdunstungsfähigkeit des runden wie des aufge-spaltenen Holzes. Es geht aus denselben hervor, daß die Rinde die Verdunstung verhindert, daß mit dem Aufspalten die Verdunstungs-menge zunimmt in gleichem Verhältnisse, wie die durch das Spalten geöffnete Holzfläche (Baur Centr. pag. 200).

Die Erscheinung, daß das von Pilzen befallene Holz immer verhältnißmäßig stickstoffreicher ist, als das gesunde, erklärt Councler dadurch, daß das Holz absolut ärmer wird an Kohlenstoff, Wasserstoff und Sauerstoff, während der nur spärlich im Holze vorhandene Stick-stoff auf's Aeußerste von den Pilzen festgehalten wird.

Die Verwendung des Holzes zur Papierfabrikation nimmt mit jedem Jahre größere Dimensionen an. Aus den Verhandlungen des böhmischen Forstvereins entnehmen wir, daß in Oesterreich jetzt 135 Holzschleifereien und sieben Cellulosefabriken bestehen, von denen 30 Schleifereien auf Böhmen fallen. In Sachsen wird für die Zwecke der Papierfabrikation jährlich die Masse von 300,000 fm verarbeitet. Man ist bereits soweit gekommen, Papiere für Zeitungen lediglich aus Holz zu machen. Eine Cösliner Fabrik stellt dasselbe her.

Der Verwendung des Holzes zur Herstellung von Cellulose droht jedoch bereits wieder Concurrenz durch ein Surrogat. In der Nähe von Jönköping in einer Lage, die für den Wassertransport sehr günstig ist, giebt es große Massen von Ueberresten einer früheren Moos-vegetation. Es eignet sich diese ganz vortrefflich zur Herstellung eines Materials, aus dem alles mögliche fabricirt werden kann, wie z. B. Papier, Bretter, Ornamente, Gefäße. Dabei soll es alle guten Eigenschaften des Holzes, nicht aber deren schlechte haben. Mit der Ausbeutung soll demnächst vorgegangen werden (Deutscher Reichs-Anzeiger). Auch in Deutschland ist bereits versucht, Moos zur Fabrikation von Pappe zu verwenden (Baur Centr. pag. 309).

Die Deutsche Korbindustrie hat sich in außerordentlicher Weise gehoben und überflügelt in manchen Richtungen bereits die französische. Aber auch in Oesterreich-Ungarn regt es sich, es besitzt jetzt 16 Korbflechtschulen, und man hofft hierdurch allmälig soviel Korbflechter heranzubilden, daß die heimische Industrie den Bedarf decken, ja vielleicht noch ein Absatzgebiet nach Osten hin gewinnen kann.

Der Absatz von Buchennutzholz ist, wie Forstmeister Urich mittheilt, im Büdinger Walde etwas besser gewesen, immer bleibt aber noch die Situation eine unbehagliche, weil ein nicht unerheblicher Theil der jährlich entfallenden Holzernte kaum oder gar nicht verwerthbar ist und die Waldrente während der letzten 6 Jahre eine sehr weit gehende Reduction erfahren hat. Meine persönliche Meinung ist auch nach den mir bekannt gewordenen Erscheinungen des Jahres 1882 die geblieben, daß die Verwendung des Buchennutzholzes in Zukunft noch eine recht große werden wird. Das alte Herkommen, Buchenholz lediglich als Brennholz zu betrachten, wirkt z. Z. noch mächtig, aber es giebt doch auch Zeichen der Besserung: Seit einer Reihe von Jahren wird in der Fabrik von Franks in Hannover ein durch die Erfolge als gut bewährtes Imprägnirungs- und Färbungsverfahren von Holz angewendet, was vielleicht um so größere Bedeutung hat, als namentlich die Buche dadurch für alle möglichen Zwecke benutzbar gemacht wird, „an die man bisher kaum dachte".

Aus Münden theilt Dr. Kienitz mir mit, daß er mit einem dortigen Holzhändler auf freihändige Abgabe von zwei Tausend Festmetern Buchennutzholz zu Eisenbahnschwellen zu 80% der Taxe abgeschlossen hat.

Die Böttcherei benutzt mehr und mehr Buchenholz. In Lagow (Reg. Bz. Frankfurt) fand ich in diesem Jahre einen äußerst schwunghaften Handel mit Buchendauben. Dieselben werden im Walde zurechtgehauen, damit nicht unnützes Material transportirt wird, gehen von da etwa 1¹/₂ Meilen bis zur Bahn und dann mit Waggonladungen in alle Winde. Ein anderes Buchenrevier hier in der Nähe, Glam=beck bei Angermünde, setzt noch keine einzige Daube ab, hat aber durch Felgenhauerei einen bedeutenden Markt. Auf einzelnen Ver=jüngungen sind 45% des Altbestandes als Nutzholz verwendet.

In Berlin sind mehrere große Böttchereien, die große Quantitäten von Buchenholz verwenden. Die von Kiefel gab mir Auskunft dahin, daß das Roh=Material zum Theil aus dem Brennholz aussortirt wird. Die Firma hatte z. B. auf diese Weise in 9 Monaten allein aus dem Revier Chorin 80 Raummeter erhalten. Fertige Dauben werden aus Ungarn (!) bezogen.

Der Buchenbohlenbelag auf der Kölner Rheinbrücke hat 3,09 Jahre Dauer gehabt, während Eichen sich bereits in 2,34 Jahren durch den Wagenverkehr ruiniren laſſen (Centr. für Bauverwaltung vom 20. Mai).

Die franzöſiſche Oſtbahn hat Buchenſchwellen aus dem Bau ge=hoben, die nach 19jährigem Gebrauche und Lagern in der Erde voll=ſtändig intact ſich erhalten haben. Die Jnprägnirung geſchah mit Kreoſot. (Hemp. Centr. pag. 369; Revue des eaux et forêts.)

Einen Blick auf die Bedeutung der Holzeſſigfabrikation läßt uns Oberförſter Thum in Laubach thun. Die Fabrik Friedrichshütte gebraucht alljährlich 8000 fm und hat Abſatz nicht allein für die ge=wonnenen flüſſigen Producte, ſondern auch die zurückbleibende Re=tortenkohle.

Zu Solina in Galizien iſt eine Fabrik zur Erzeugung von Alkohol aus Buchenholz errichtet und der Betrieb im Auguſt 1881 eröffnet (Hemp. Centr. pag. 122). Die Reſultate ſind folgende: Aus der Wiener Klafter = 3,4 cbm wurden 15000 Literprocent Spiritus gebrannt. Die Vergleichszahlen ſtellen ſich ſo, daß auf 1 Gulden Materialwerth Kukuruz und Getreide 1 Gulden 26 Kreuzer Spirituswerth, auf einen Gulden Materialwerth Kartoffel 1 Gulden 75 Kreuzer und auf 1 Gulden Materialwerth Holz 8 Gulden 50 Kreuzer Spirituswerth kommen.

Für einen Gulden erhält die Fabrik an Ort und Stelle 0,75 Raummeter Holz, das ist allerdings ein sehr mäßiger Preis und er=klärt die überraschend hohe Vergleichszahl. Immerhin eröffnet sich doch wieder dem Buchenholze damit eine neue Verwendung und eine solche, die bei weiterer Ausbildung des Verfahrens Licht in die dunkle Zukunft unserer Buchenwälder wirft.

v. Fischbach macht uns endlich mit Einrichtungen in der Stadt Zürich bekannt, welche bezwecken, den Buchenbrennholzvertrieb zu verbessern. Die Verwaltung übernimmt es, das Brennholz in gut ausgetrocknetem zerkleinerten Zustande in beliebigen Quantitäten zu liefern. Der Consument hat nur seinen Bestellzettel abzugeben und erhält dann die gewünschte Zahl von genau gemessenen Portionen zugestellt. Als Maß dient ein eiserner Reifen, dessen Umspannungs= raum mit Kleinholz so voll gesteckt wird, daß es beim Transport nicht herausfällt. Damit fällt für den Käufer die Umständlichkeit, welche mit der Beschaffung, Zerkleinerung und Magazinirung des Holzes, sowie mit der Kontrole und Ueberwachung dieser Arbeiten verbunden ist, soweit als möglich fort. Wie mir mitgetheilt wird, ist vor etlichen Jahren die Einrichtung bereits von einem Privat= unternehmer in Münden nachgeahmt.

Der Ruf nach Waldstreu ist in stroharmen Jahren fast überall ein sehr lebhafter, und nur zu oft hat der Wald über Gebühr her= halten müssen. Die neueste Zeit weist wiederholt auf die Verwendung von Torfstreu hin, und es scheint, als wenn durch diese Ersatz für die Waldstreu gegeben werden könnte. Besonders verwendbar soll die obere Schicht des Moores sein. Das daselbst gewonnene Material wird zerkleinert und getrocknet und erweist sich dann als sehr auf= saugungsfähig.

Die Verwendung der Torfstreu ist auch Gegenstand der Ver= handlungen im Preußischen Landesökonomie=Collegium gewesen. Es wurde zur weiteren Einführung derselben eine Tarifermäßigung bei Eisenbahntransport gefordert. Als Vortheile der Torfstreu wurden besonders hervorgehoben die Bindung der Feuchtigkeit und des Ammoniaks, die größere Reinlichkeit des Stallbodens wie der Luft, der billige Preis, falls der Eisenbahntransport ermäßigt wird. Die Ver= wendung ist bereits eine außerordentlich weitgehende, und handelt es sich daher um abgeschlossene, nicht erst neu zu sammelnde Erfahrungen. In Oldenburg bestehen jetzt bereits 20 Fabriken, die Torfstreu be= reiten, die Anlage weiterer steht in Aussicht (F. Bl. 62).

Im bairischen Abgeordnetenhause hat die Streunutzungsfrage

einige durch kühne Behauptungen sich auszeichnende Vorträge hervor=
gerufen (Baur. Centr. pag. 250). Von der einen Seite wird für den
Verkauf von Streu im Betrage zu 400,000 M. bei möglichst niedri=
gen Raummeterpreisen plaidirt, von anderer die Ansicht ausgesprochen,
daß durch Streunutzung die Sturmgefahr gemildert wird, ja endlich
wurde es für wünschenswerth erklärt, die Streu nicht mehr aufzu=
metern, sondern platzweise zu vergeben. Dem Walde soll also gründ=
lichst das Fell abgezogen werden.

Die Bedeutung der Beerennutzung läßt sich nach folgenden Zahlen
schätzen: Der Versandt an Beeren von Vacc. vitis id. betrug im Jahre
1881 vom Bahnhof Celle rot. 1635 Doppelcentner. Nimmt man
den mittleren Preis von 27 M. pro Doppelcentner, so ist an Sammel=
lohn dafür gezahlt 44 145 M. (Allg. F. u. J. pag. 386).

Der Ginster wird nach Hemp. Centr. pag. 219 im Süden von
Frankreich als Gespinnstpflanze benutzt. Die daraus gefertigten Ge=
webe sind zwar grob und anfangs von dunkler Farbe, doch zeichnen
sie sich durch Haltbarkeit aus. Das Verfahren, die Faser zu ge=
winnen, ist ähnlich wie dasjenige bei Flachs und Hanf.

Die Holzindustrie beschäftigt nach den Resultaten der Gewerbe=
aufnahme vom 1. December 1875, wie die von Dr. Danckelmann
verfaßte Abhandlung (Z. f. F. u. J. pag. 549) mittheilt, 583,309
Personen, fast genau 9 % aller durch die Industrie beschäftigten
Leute. Die Zahl der Betriebe beläuft sich auf 325,671 oder 10%
aller. Die Holzindustrie nimmt in der Rangordnug der Industrie=
zweige bezüglich des Betriebspersonals die fünfte Stelle ein. Obenan
steht innerhalb der Holzindustrie die Tischlerei mit 230,510 Erwerbs=
thätigen. Es folgt das Zimmermannsgewerbe mit 122,554, das
Böttchergewerbe mit 58,542, das Wagner= und Stellmachergewerbe
mit 47,501. Der Kleinbetrieb wiegt sehr bedeutend vor. Welche
colossale Bedeutung das Holz für die Industrie hat, geht am besten
daraus hervor, daß selbst bei sehr mäßigen Ansätzen des jährlichen
Arbeitsverdienstes doch die Summe desselben sich ergiebt beim Klein=
betriebe auf 373 Millionen, beim Großbetriebe auf 90 Millionen.

Die örtliche Vertheilung ist so, daß der Osten — zugleich auch
derjenige mit geringsten Holzpreisen — die geringste Holzindustrie
hat. Im Speciellen zeigt sich, daß das Tischlergewerbe vorzugsweise

in den Großstädten heimisch ist. Der Zimmermann sucht die Groß-
stadt, wenn viel Wald in der Nähe oder gute Verbindung zu demselben ist, der Böttcher folgt dem Weinbau und der Brauerei, der
Wagenbau wohlhabenden Großstädten, die Sägewerke dem Wasser,
das Korbmachergewerbe den Flußniederungen. Die Drechsler und
Schnitzer sitzen in einigen Großstädten und in Gebirgswaldungen.

Das Holz hat nach mancher Richtung hin auch wieder an
Verwendung verloren. Die Hauptbahnen gehen weiter in der
Umwandlung des hölzernen Materials in eisernes vor, auch die
hölzerne Telegraphenstange hat bereits hier und da, z. B. auf
Strecken der Bairischen Staatsbahn, dem Eisen und Stein Platz
machen müssen.

Eine Reihe von Theaterbränden hat das Mißtrauen gegen das
Holz in feuergefährlichen Räumen wesentlich verstärkt, und der Brand
der Hygiene-Ausstellung in Berlin hat ebenfalls das Seinige dazu
gethan, dieses Mißtrauen so wach zu halten, daß man in Zukunft
auch bei provisorischen Gebäuden beregter Art zum Eisen und Glas
greifen wird. Wohl ist durch das Kühleweinsche Verfahren bewiesen,
daß man auch Holz sehr widerstandsfähig gegen Feuer, ja unver-
brennlich machen kann, doch fürchte ich, daß auch dieses Verfahren
dem Holze die Verwendung nicht· retten kann. Der Zug der Zeit
geht dahin, Holz nur da zu nehmen, wo man es ohne Weiteres
gebrauchen kann. Muß es erst besonderen Processen unterworfen
werden, so sieht man sich nach Surrogaten um.

Die Absatzverhältnisse standen zum Theil unter ganz eigenthüm-
lichen Einflüssen. Der Winter war so außerordentlich milde, daß
der Consum an Brennmaterialien überall weit hinter dem Durchschnitt
zurückblieb. Als Folge davon zeigte sich ein Herabgehen der Preise
für alle Materialien, Holz wurde aber stellenweise unverkäuflich.

Für das Nutzholz erwies sich zunächst der milde Winter als
günstig. ·Die Bauthätigkeit wurde nicht wie sonst eingestellt, sondern
nur eingeschränkt und verursachte, da die Zufuhr stockte, eine fast
vollständige Räumung selbst bedeutender Niederlagen. Die Nachfrage
für das im Walde stehende Holz war lebhaft, und wer früh verkaufte, hat glattes Geschäft gemacht. Die Käufer bezahlten Anfangs
recht gut in der Hoffnung, daß der noch folgende Winter ihnen

eine leichte Abfuhr gestatten werde. Diese Hoffnung erfüllte sich nicht
nur nicht, sondern die fortwährende weiche Witterung bewirkte vielfach,
daß die Waldwege fast grundlos, und die Abfuhr schwer und theuer
wurde. Der Osten hatte zwar dadurch auch wieder einen Vortheil,
indem aus den russischen Waldungen viel weniger Holz als sonst
bezogen werden konnte, und diese Concurrenz weniger drückte, im Allgemeinen litt aber auch der Nutzholzmarkt unter den ungewöhnlichen
Verhältnissen.

Ende Januar erfolgte in Paris der Zusammenbruch des Bontoux-
schen Börsenschwindels, und wenn auch Deutschland direct wenig
betheiligt war, so wurde doch die Speculation vorsichtiger. Die Bau-
lust war von da ab entschieden nicht mehr so rege, als vorher.
Einen größeren Rückschlag erfuhr dagegen durch die Pariser Verhältnisse der Holzhandel Oesterreichs, und namentlich hatte die dortige
Speculation darunter zu leiden. Die beabsichtigte Gründung der
maritimen Bank unterblieb u. A. und damit zugleich die Verwirk-
lichung sehr weitreichender Pläne, die Waldschätze von Bosnien und
Dalmatien zu heben.

Mit Beginn des Frühjahrs wurden die Verhältnisse dadurch noch
weiter erschwert, daß der Wasserstand der Flüsse ein ungewöhnlich
niedriger wurde. Manche Industriezweige z. B. Sägemühlen konnten
vielfach nur mit halbem Betriebe, Holzschleifereien nur mit Viertel-
betrieb arbeiten.

Durch das Zusammenwirken aller dieser Umstände kam es dahin,
daß das Jahr nicht das gehalten hat, was es anfänglich versprach.
Der Reinertrag der Preußischen Forsten gestaltet sich derartig, daß
der Finanzminister nicht mehr damit zufrieden sein will. Zehn Mark
pro Hectar sind auch wahrlich nicht viel.

Sehr wenig hoffnungsreich ist ein Skizze (Baurs Centr. pag. 512)
über die Rentabilität der Forsten in Baden. Im Durchschnitt ist
1880 das Forstmeter nur noch zu 5,37 M. verwerthet, und die
Ergebnisse des Jahres 1881 stellen ein weiteres Sinken in Aussicht.

Ueber die Preisbewegung des Holzes in Württemberg während
der Jahre 1850—1879 theilt Dr. Bühler auf Grund des vorliegenden statistischen Materials mit (Baurs Centr. pag. 357),
daß der Preis des Nutzholzes seit 1850 relativ weniger gestiegen ist,

als der des Brennholzes. Leider ist die Periode des Preissinkens*)
noch immer nicht vorüber und nach den Mittheilungen Bühlers
sind die Preise nunmehr angelangt auf denen des Jahres 1856. Da
aber im Jahre 1856 ohne jeden Zweifel die Kaufkraft der Mark
eine wesentliche höhere gewesen ist als jetzt, so sind mithin die Preise
nicht einmal als gleichwerthig zu betrachten, sie stehen vielmehr noch
unter denen des Jahres 1856.

Der Ueberschuß aus den sächsischen Forsten wird bei einem Ein=
schlage von 789 300 fm Derbholz (4,6 pro ha) auf 6 447 500 M.
geschätzt.

Vom Rindenmarkte lauten die Nachrichten mehr befriedigend,
als sonst. Ueberall sind bessere Preise erzielt, und man sah wieder
mit etwas frischeren Hoffnungen in die Zukunft. Von der Mineral=
gerbung hörte man verhältnißmäßig wenig. Daß die Bemühungen,
Leder auf kürzeren und billigerem Wege herzustellen, aber nicht ruhen,
dafür geben uns wieder einige Patentertheilungen, die im Patentblatt
publicirt sind, Nachricht. Es sind folgende:

No. 19633. E. Harcke in Königslutter. Verfahren der
Mineralgerbung mit Eisenoxyd und Thonerdesalzen, Carbolsäure und
Colophonium. Legt man in eine Harzlösung, welche aus einem Hart=
harz, besonders Colophonium, mittelst Steinkohlenkreosots oder Karbol=
säure und Aetzkali oder Natronlösung in Wasser hergestellt ist, rohe
Haut bis zur Sättigung und läßt darauf das Bad eines Thonerde=
salzes, endlich ein solches von Eisenchlorid oder Eisenoxydsalz folgen,
so bekommt man nach dem Trocknen Sohlleder. Hatte man vorher
die Haut gekalkt, so erhält man durch dasselbe Verfahren Oberleder.
Soll dasselbe mehr weich und weniger wasserdicht sein, so läßt man
die Harzlösung bez. den Harzzusatz fort.

No. 18487. Loversidge in Rochdale. Anwendung von Borax
oder Borsäure und Citronensäure beim Gerben mit vegetabilischen
Gerbstoffen. Durch die Zusätze wird die Gerbung beschleunigt und
eine größere Aufnahme von Gerbstoff ermöglicht.

---

*) Baurs Centralbl. pag. 625 enthält die weitere Mittheilung, daß die Preise
1881 um ca. 1 M. sanken. Sie betrugen 1876 = 13,71 M., 1878 = 12,68 M.,
1880 = 11,32 M., 1881 = 10,34 M.

No. 17677. **Salomon Hurwitz** in Berlin. Verfahren zur Herstellung von künstlichem Leder aus vegetabilischen und animalischen Faserstoffen.

No. 17829. **Thomas Monneins** in Gironde. Schnellgerb=verfahren, bei welchem Weinsäure oder deren verschiedene Modificationen in Gemeinschaft mit den vegetabilischen Gerbmaterialien, Eichenlohe ꝛc. zur Verwendung kommt.

Bei den im Allgemeinen obwaltenden Absatzverhältnissen ist es ganz natürlich und erklärlich, daß man sich nach Mitteln umsieht, die eine Verbesserung herbeiführen können. Werden solche nicht gefunden, so wird die Zukunft wahrscheinlich noch trauriger, als die Gegenwart. Die Zurückdrängung des Holzes als Heizungs=material ist durchaus keine vorübergehende, wie ich das schon im vorigen Hefte ausgesprochen habe, sondern eine dauernde, weil mit dem Uebergang zur Kohle die Heizungsvorrichtungen andere geworden sind und diese meist für das Holz nicht passen. In den Verhand=lungen des Pommerschen Forst=Vereins wurde erwähnt, daß im dortigen Bezirke abermals eine ganze Reihe von früher holzverbrauchenden Etablissements wie Ziegeleien und Kalkbrennereien zur Kohlenfeuerung übergegangen sind. Dasselbe wird auch in anderen Gegenden der Fall sein. Von der Rückkehr zum Holz hört man aber nur höchst selten einmal etwas. Ich glaube nicht zu schwarz zu sehen, wenn ich aus den Erfindungen und Entdeckungen auf dem Gebiete der Electricität ebenfalls einen nachtheiligen Einfluß auf den Brennholzmarkt der Zukunft herleite. Denn hält die Electricität das, was sie verspricht, auch nur zum Theil, so ist eine Einschränkung des Kohlenconsums auf dem Gebiete der Industrie wohl nicht zu bezweifeln. Die Kohle wird daher weiter im Preise sinken und dadurch dem Holze um so empfind=lichere Concurrenz machen. Von den Bemühungen, den Brenn=holzmarkt zu heben, ist nicht viel Erfolg zu erwarten. Anders liegen die Verhältnisse beim Nutzholze. Hier giebt es zwar auch viel Surrogate, welche Holz verdrängen und local den Absatz schädigen, im Allgemeinen aber wird die üble Beeinflussung durch auswärtiges Holz hervorgerufen, und da uns keinerlei Macht zu Gebote steht, den Raubbau selbst, die Quelle, zu verstopfen, so müssen wir unser Gebiet vor den Wildwassern zu schützen suchen. Es kann das theilweise geschehen, wenn die Holzzölle, die bisher nach den Erklärungen von Autoritäten nichts gefruchtet haben, weil sie nicht fühlbar genug waren, höher geschraubt werden. Die Versammlung deutscher Forstmänner in Coburg machte diesen Standpunkt zu dem ihrigen, indem sie folgende Resolution annahm: In Erwägung, daß die deutsche Forstwirthschaft den einheimischen Bedarf an europäischem Nutzholz quantitativ und qualitativ zu decken vermag, erklärt die in Coburg tagende XI. Versammlung deutscher Forstmänner, daß eine Erhöhung des Zolls auf Rohnutzholz und auf vorgearbeitetes Nutzholz (pos. 13c 1 und 2 des deutschen Zolltarifs vom 15. Juli 1879) im Interesse der deutschen Waldwirthschaft dringend wünschenswerth ist, und beauftragt ihr Präsidium, diese Erklärung zur Kenntniß des Fürsten Reichs= kanzlers zu bringen.

Der entgegenstehende Antrag: „Die XI. Versammlung deutscher Forstmänner erachtet es für zweckmäßig, festzuhalten an den bestehenden Zöllen auf Holz und Rinde, so lange keine wesentlichen Aenderungen am ganzen deutschen Zolltarifsystem vorgenommen werden, bezw. so lange nicht im besonderen Interesse der Forstwirthschaft eine Aenderung der Zollsätze auf Holz und Rinde als wirklich geboten und volks= wirthschaftlich zulässig erscheint", fand nur wenige Stimmen für sich.

Von den Gründen, die Referent Dr. Danckelmann für den ersten Antrag bei seinem Vortrage beibrachte, schlugen am meisten folgende Darlegungen durch: Unter der Herrschaft des Freihandels wuchs die Mehreinfuhr vom Auslande beim Nutzholz und bei der Rinde bis zu 40 und 50 % der Gesammtproduction des deutschen Reiches an Nutzholz und Rinde. Den gewonnenen Markt hat das Ausland in der Periode des wirthschaftlichen Niederganges nicht ver= loren, so daß der verminderte Verbrauch an Nutzholz fast voll den deutschen Wald traf. Die Coburger Verhandlungen sind nicht ungehört verhallt, die preußische Regierung sprach sich im Abgeordnetenhause offen zu Gunsten der Zollerhöhung aus, und bei der Berathung des Etats für die preußischen Forsten wurde daher ein Vorpostengefecht zwischen Schutzzoll und Freihandel geführt. Der Schutzzoll wird uns aber meiner Meinung nach, und das sei hier ebenfalls ausgesprochen, nicht den erhofften Erfolg bringen, wenn er das einzige Heilmittel bilden soll. Mit ihm muß vielmehr Hand in Hand gehen eine Reihe anderer Mittel, wohin namentlich zu rechnen ist: das vermehrte Aushalten von Nutzholz, die Förderung des Holzhandels durch Berücksichtigung der dabei geltenden kaufmännischen Wünsche und Usancen, das Abgehen von dem Principe des Verkaufes zum Meistgebote, die Abgabe aus freier Hand selbst in bedeutenden Posten, auch wenn die Taxe nicht voll geboten wird, ja vielleicht der Verkauf auf dem Stocke. Endlich wird die Erleichterung des Transportes durch Verbesserung der Land= und Wasserwege, sowie auch Beschaffung der nöthigen Ablagen wirksam sein. Fast überall haben wir auch die deutlichsten Anzeichen, daß diese Mittel nicht vergessen werden, ja factisch die nächsten sind, die probirt werden. In Preußen hat z. B. das Ministerium die Localverwaltungen darauf aufmerksam gemacht, daß unter den obwaltenden schwierigen Absatz=Verhältnissen es in Erwägung zu nehmen ist, ob nicht die hier und da bestehenden einschränkenden Bestimmungen über die Ertheilung des Zuschlages bei Geboten unter der Taxe aufzuheben sind. Aus demselben Rescripte heben wir dann weiter den Satz hervor: Sollte die Vermehrung der Nutzholzausbeute nur dadurch zu erreichen sein, daß mit Holzhändlern in Betreff der freihändigen Abgabe größerer Holzposten namentlich der geringeren Sortimente contrahirt wird, so ist eine solche Maßregel in Erwägung zu nehmen. Selbst wenn das geringere, bisher als Brennholz aufgearbeitete Nutzholz=Material nur zur Brennholztaxe zu verwerthen ist, würde hierin noch ein Vortheil durch die eintretende Verminderung des Angebots von Brennholz und die Steigerung der Concurrenz für dasselbe sowie event. durch Beschränkung der Holzeinfuhr zu finden sein. (J. d. Pr. F. u. J. u. V. pag. 87.) Im Großherzogthum Baden sind bereits im Jahre 1880 Bedingungen festgestellt, welche für den Verkauf des Holzes auf dem Stocke maßgebend sein sollen (Z. f. F. u. J. pag. 184). Der Waldwegebau ist in einem erfreulichen Aufschwunge begriffen. Die Eisenbahntariffrage wird überall im Auge gehalten, und die Regierungen sind bemüht, die nöthigen Erleichterungen zu geben resp. anzubahnen. Welchen Einfluß die Tariffrage hat, beleuchtet Richter=Tharand (Th. Jahrb. pag. 31) in einem ausführlichen Aufsatze und weist damit zugleich nach, wie nothwendig es ist, daß der Forstmann jede Veränderung in den Tarifen beobachtet, verfolgt und rechtzeitig seine Stimme gegen schädliche Maßregeln erhebt.

4. Aus der forstlichen Geräthekammer.

Eine ganze Reihe von neuen resp. jetzt erst beschriebenen Instrumenten liegt vor, über ältere ist ebenfalls geschrieben und es scheint
zweckmäßig, hier in aller Kürze Bericht zu erstatten.

Die Werkzeuge für Hügelpflanzungen, erfunden vom Förster
Schlemminger, sind zu beziehen durch Ganghofer, Civilingenieur
zu Augsburg, sie bestehen aus dem Hügellocheisen, dem Hügelformer,
der Lochhaue, dem Pflanzenbohrer in Löffelform. Außerdem wird noch
ein kleiner Pflanzenbohrer angefertigt. Der Boden, für welchen die
Instrumente verwendbar sind, muß steinfrei bis auf etwa 15 cm
Tiefe sein und darf bezüglich der Feuchtigkeit nicht über den Grad
frisch gehen. Steine hindern beim Einstoßen des Locheisens, Feuchtigkeit
bewirkt, daß die Erde in dem Hohlraume des Hügelformers haften
bleibt.

Ein Pflanzstichel ist vom Oberförster Grünewald construirt
und mit gutem Erfolge angewendet (Verh. des Sächs. F. V. Z. f.
F. u. J. pag. 524), das Instrument ist von Eisen und hat mit
dem Buttlar'schen Eisen Aehnlichkeit, ist aber leichter und hat einen
gebogenen Griff, der sich am Ende zur Schneide zuschärft, um Unkräuter damit entfernen zu können. Die Spitze ist flachgedrückt.

Ueber ein neues Hülfsinstrument für Verschulung von Nadel-
holzsämlingen berichtet nach den Angaben des Journal d'agriculture
pratique Hemp. Centr. pag. 219. Der Erfinder ist der Kammer-
herr von Thygeson. Die Schnelligkeit der Verschulung ist eine
außerordentlich große, indem ein Mann mit einer Gehilfin 12 bis
15000 Sämlinge täglich verschulen kann. Das Instrument läßt sich
am besten mit einem Rechen vergleichen, auf dessen Balken breite
Zähne ganz eng stehen, so daß in jede Zahnlücke eine Pflanze einge-
hängt werden kann, ohne durchzufallen. Der Rechen wird von der
Gehilfin mit Pflanzen gefüllt, während ein Mann ein Gräbchen aus-
hebt. Das Mädchen hängt nun den Rechen in den Graben, der
Mann füllt ihn wieder mit der ausgehobenen Erde, und die Pflanzung
ist fertig.

Eine Kiefernsäemaschine beschreibt Forstmeister Schlieckmann (Z. f. F. u. J. pag. 165). Sie ist vom Oberförster Ahlborn nach dem Vorbilde einer schon bekannten Maschine von Dressel construirt. Sie ist leicht, einfach, arbeitet schnell und, soviel sich bis jetzt beurtheilen läßt, auch gut. Eine Reihe kleiner Mängel haften ihr in der bisher beschriebenen Form noch an, sie sind aber leicht abzustellen, und hoffen wir in der nächsten Chronik von ihrer Beseitigung bereits berichten zu können.

Durch Forstmeister Schlieckmann erfahren wir auch, daß der Erfolg mit der Drewitz'schen Maschine in Marienwerder ein recht mäßiger gewesen ist. (Z. f. F. u. J. pag. 165.)

Der Plattensäer von Thomas Zitny (Hemp. Centr. pag. 61) soll sowohl der Samenverschwendung vorbeugen, wie eine gleiche Vertheilung der Körner herbeiführen. Bei jeder Drehung der an der Maschine angebrachten durch Kurbel beweglichen Walze füllt sich ein Maß mit Samen und entleert sich auf den Vertheilungsmechanismus. Dieser besteht aus einem Hohlcylinder, in welchem mit der Spitze nach oben ein Kegel steht mit etwas geringerer Basis als der Cylinder. Der Same fällt auf die Spitze des Kegels, gleitet an dem Mantel herunter und wird, unten angekommen, gegen den Cylindermantel geschleudert. Von diesem prallt er ab und soll sich nun gleichmäßig über die Platte vertheilen. Bei von mir draußen im Walde angestellten Versuchen lag der Same kranzförmig auf den Platten, wie das sich auch eigentlich vermuthen läßt. Da das Uebersäen der Platten leicht dadurch verhindert werden kann, daß man dem Arbeiter ein kleines Blechmaß mit der Weisung übergiebt, auf jeder Platte ein Maß voll auszusäen, so kann ich die Anschaffung des 15 Gulden kostenden Apparates kaum empfehlen.

Aestungsversuche, welche Heß-Gießen anstellte, brachten ihm die Ueberzeugung, daß die Alers'sche Flügelsäge die bei weitem beste unter den bis jetzt bekannten Baumsägen ist. Sie schlägt ihre Concurrenten namentlich dann aus dem Felde, wenn sie an der Stange gebraucht wird und der Astung unter Anwendung von Leitern gegenüber steht. Am Handgriff tritt ihre Ueberlegenheit weniger zu Tage. Hier ist es Heß sogar in einzelnen Fällen vorgekommen, daß ein mit einer kleinen leichten Baumsäge bewaffneter Arbeiter mehr leistete.

Möglich ist die Aestung bis zu einer Höhe von 12,5 m vom Boden (Hemp. Centr. pag. 452).

Eine selbst registrirende Kluppe hat Forstmeister Reuß zu Dobrisch bei Prag erdacht. Als Unterlage dient die Heyer'sche Kluppe. Auf die Breitseite des Lineals wird ein nach Centimetern getheilter Papierstreifen geheftet. Der bewegliche Schenkel enthält ein Zählwerk und eine federnde Punctirnadel. Bei jedem gemessenen Baume wird auf den Knopf der Nadel gedrückt. Sie sticht in den unterliegenden Papierstreifen hinein, gleichzeitig wird durch den Druck auch das Zählwerk in Bewegung gesetzt. Zahl der Nadelstiche und der Stämme müssen daher übereinstimmen und controliren sich gegenseitig. Der Preis der Kluppe beträgt 25 Gulden, die Lieferung hat die Firma Mechaniker C. Kraft u. Sohn in Wien übernommen. Eine Beschreibung der Kluppe ist im Selbstverlage des Erfinders erschienen.

Eine andere neue Meßkluppe ist construirt vom Oberförster Haumann zu Reit im Winkel. Sie zeichnet sich von anderen dadurch aus, daß die Führung des beweglichen Schenkels durch ein verstellbares Parallelogramm hergestellt ist, und der cubische Inhalt des gemessenen Holzes gleich im Walde abgelesen werden kann. (Allg. F. u. J. pg. 141).

Ein Baummeßstock, mit dem man die Höhen der Bäume und die Durchmesser derselben in jeder beliebigen Höhe messen kann, ist von einem Franzosen Marleau construirt.

Viel Staub hat ein von Borggreve mitgetheiltes Verfahren zur Messung von Baumhöhen dadurch aufgewirbelt, daß die erste Darstellung nicht richtig und eine Berichtigung nicht präcise genug war, um Mißverständnissen vorzubeugen. (Vergl. F. Bl. pg. 49 u. 94, Allg. F. u. J. pag. 143, F. Bl. pag. 156, Allg. F. u. J. pag. 249.)

Ein im Berichte der Versammlung der Forstmänner zu Hannover beschriebener neuer Höhenmesser von Klett beruht auf dem Principe, mit Hülfe von Spiegelung denjenigen Punct auf der Erde zu finden, der vom Baume soweit abliegt, wie dieser hoch ist.

Theodor Günther erhielt ein Patent (19695) auf eine electrische Holzschneidemaschine. Statt der Sägen ist in einem feststehenden Gatterrahmen eine entsprechende Anzahl Plattindrähte zwischen

Klemmen eingespannt. Die obere und untere Befestigungsschiene sind von einander isolirt, so daß die an dieselben angeschlossenen Poldrähte einer dynamo = electrischen Maschine die Platindrähte zum Glühen bringen. Wird der Holzstamm langsam vorgerückt, so brennen sich die Platindrähte in denselben ein und trennen auf diese Weise die Bretter ab. Die Idee, mit glühendem Platindraht Holz zu schneiden, ist nicht neu (cfr. Allg. F. u. J. 1878 pag. 184).

Eine neue Vollgattersägemaschine ist vom Ingenieur Teltschik in Wien construirt, dieselbe ist nach den Angaben des Erfinders „transportabel, arbeitet mit geringer Kraft ohne ein anderes Fundament als einige Piloten zu benöthigen" (Hempel pag. 60).

Auf Neuerungen an Schränkeisen für Sägen wurden zwei Patente vergeben No. 17 775 an Berthold Raimann in Freiburg und No. 18 520 an Antoine Rigaud in Clermont=Ferraut.

Eine bisher nicht bekannte Hülfe beim Stockroden beschreibt Hemp. Centr. pag. 481 nach dem Oe. landw. Wochenbl. No. 38. Es ist eine combinirte Hebelvorrichtung, die eine große Kraftentwickelung möglich machen soll. Das Instrument tritt unter dem Namen Simsonhebel auf.

Zur Bereitung von Holzwolle ist von Wilczinsky in Hamburg eine Maschine construirt. Die Holzwolle dient als Verpackungsmaterial für alle möglichen Dinge, ferner als Streu an Stelle von Stroh und endlich sogar als Polstermaterial. Die Maschine verarbeitet Hart= und Weichholz, und es läßt sich zu ihrer Speisung sonst nicht verwendbares Abfallholz gebrauchen. Der Preis der Maschine beträgt 600 M. Hemp. Centr. pag. 213.

Wir nennen dann noch folgende Patente:

No. 16 911 Franz Merziger in Trier. Rindenschälmaschine. Die Maschine ordnet die zum Entrinden geeigneten Lohhölzer so, daß die Stücke einzeln in einer ununterbrochenen Reihe liegen, löst dann die Rinde durch Hämmern, um sie schließlich durch Schleudern zwischen concentrischen Scheiben von entgegengesetzter Steigung völlig abzutrennen. (pag. 154 b. Auszüge aus den Patentschr.)

No. 19 192 Eduard Räsch in Hudikswall und Ernst Kirchner in Aschaffenburg. Herstellung von weißem Holzstoff: Gereinigtes

Holz wird auf einer Hackmaschine zerkleinert, dann in Kollergängen zerquetscht und vorzerfasert, endlich mit einem Centrifugalholländer gemahlen oder fertig zerfasert.

---

5. Aus der Gesetzgebung.

Das Badische Forststrafgesetz von 1879 hat einige Aenderungen erhalten (Baur Centralbl. p. 509), welche sich auf die Gerichtsbarkeit, auf die zum Zwecke der periodischen Aburteilung aufzustellenden Register und auf den Begriff des Rückfalls beziehen.

Ueber die Aufforstung des Karsts im Gebiete der Stadt Triest ist ein Gesetzentwurf erschienen. Danach wird die Sorge für die Ausführung der Culturen einer besonderen Commission überwiesen, die Kosten werden aus einem Fonds bestritten, zu dem halb und halb die Staats- und Stadtverwaltung beiträgt. Die Commission hat vor allen Dingen das dem Walde zu überweisende Terrain festzustellen. Ein Kataster giebt die Flächen und den Aufforstungsmodus an. Im Allgemeinen wird mit fremden Besitzern ein gütliches Uebereinkommen versucht, doch kann im Falle der Nichteinigung und aus dringenden technischen Gründen auch expropriirt werden. Die Bewaldungscommission ressortirt vom Ackerbauminister.

Die schweizerische Zeitschrift beginnt den Jahrgang 1882 mit einem Rückblick auf die Waldverhältnisse, wie sie sich seit Gültigkeit des Gesetzes über die Forstpolizei im Hochgebirge vom 24. März 1876 gestaltet haben. Viele wesentliche Arbeiten, z. B. die Ausscheidung der Schutzwaldungen, sind durchgeführt, anderes ist in gute Bahnen geleitet. Und wenn auch noch viel zu thun übrig ist, so ist doch überall der Weg zu weiterem Vorgehen geebnet. Wenn man hier und da, sagt Landolt am Schluß, die Klage hört, die Folgen der eidgenössischen Forstgesetzgebung seien in den Waldungen noch nicht bemerkbar, so läßt sich dagegen nicht viel einwenden. Man kann den Klagenden nur erwidern, daß sich Verbesserungen im Walde bei bloß oberflächlicher Beobachtung erst nach längerer Zeit erkennen lassen, und daß sich eine Aenderung der Wirthschaft nicht plötzlich, sondern nur ganz allmälig durchführen läßt. Wer sich die Mühe giebt, die Wälder näher anzusehen, der wird auch auf wirthschaftlichem Gebiete schon manche Verbesserung wahrnehmen. Pflanzschulen sind angelegt, viele Tausend Pflanzen sind da schon ausgepflanzt, wo man bisher nicht an Saat und Pflanzung dachte. Bach= und Lauinenvorbauungen sind ausgeführt, und an der Ordnung der Holzbezüge in einer die Erhaltung der Waldungen sichernden und die natürliche Verjüngung begünstigenden Weise arbeiten die Förster mit großem Fleiße.

Für Aufnahme der Zwangsenteignung in die Gesetze für den Waldschutz als Mittel zum Zweck spricht sich Forstrath Heiß in Landshut aus, verkennt aber nicht die Bedenken, die namentlich der Geldpunkt wachruft (F. Bl. pag. 161). Seine Ansichten faßt der Autor in folgende Sätze zusammen: Die Enteignung aller der Schutzwaldungen, welche sich nicht im Besitze von solchen Eigenthümern befinden, welche nach den bisherigen Erfahrungen eine sichere Garantie für deren pflegliche Erhaltung und Benutzung bieten, ist anzustreben, da nur der Staat oder die übrigen Zwangsgemeinwirthschaften eine zuverlässige Gewährschaft bieten, daß diese Schutzwaldungen stets und immer ihren Zwecken entsprechend bewirthschaftet werden. Da die Enteignung am sichersten zum Ziele der Erhaltung der betreffenden Waldungen führt, die bisherigen Forstpolizeigesetze aber den Ruin und die Devastation derselben in der Regel nicht verhindert haben, so dürfte die Enteignung auch mit dem verhältnißmäßig geringsten Kostenaufwande den Zweck erreichen lassen. Es ist ein Irrthum anzunehmen, die allgemeinen Principien der Zwangsenteignung wären auf Waldungen deswegen nicht anwendbar, weil bei ihnen eine absolute Nothwendigkeit der Enteignung nicht nachgewiesen werden könne, denn einerseits handelt es sich bei derselben nicht um den Nachweis der absoluten Nothwendigkeit, sondern nur der Zweckmäßigkeit für die Gemeinschaftsinteressen, und andrerseits giebt es beinahe keine absolute Nothwendigkeit, und die bisherigen Gesetzgebungen sind auch nicht von dieser, sondern von der Zweckmäßigkeit ausgegangen.

6. Die Arbeiterfrage

hat eine ganze Reihe von Forstvereinen beschäftigt. Die Versammlung
der deutschen Forstmänner zu Coburg behandelte das Thema in fol=
gender Form: Welche Einrichtungen empfehlen sich zur Verbesserung
der materiellen Lage der Waldarbeiter. Dr. Stötzer empfahl in
seinem eingehenden Vortrage die Gewährung auskömmlichen Lohnes,
die Erleichterung der Lohnerhebung, regelmäßige Beschäftigung wo=
möglich durch das ganze Jahr, die Beschaffung von leistungsfähigen
Instrumenten, gute Anleitung für die Ausführung der Arbeiten, He=
bung der Ernährungs= und Wohnungsverhältnisse, Hebung der mo=
ralischen Grundlage der Lebensverhältnisse der Arbeiter und eine Re=
gelung des Waldarbeiter=Hülfs= und Unterstützungskassenwesens (Z. f.
F. u. J. pag. 652). Der letzte Punkt bildete hier wie auch ander=
wärts den Kernpunkt der Debatten. Referent und Correferent Prof.
Schuberg behandelten ihn denn auch am ausführlichsten. Bewegten
sie sich mehr auf dem theoretischen Gebiete, so theilten die nachfolgenden
Redner Bestehendes aus der Praxis mit und bestätigten damit zu=
meist die vorhergegangenen Ausführungen. Oberforstrath Rausch
sprach über die in Gotha seit 1810 resp. 1836 bestehend n Kassen,
Kreisforstmeister v. Raesfeldt über solche im baierischen Hochgebirge,
Oberforstmeister Kühn über die im Königreich Sachsen, Forstmeister
Duckstein über die im Harze. Die Mittheilungen zeigten, daß an
vielen Orten thatkräftig vorgegangen und manches Gute bereits er=
reicht ist.

Welche Erfahrungen sind mit der Unfallversicherung der Holz=
hauer in Württemberg bis jetzt gemacht worden? lautete das Thema
auf der Württembergischen Forstvereins=Versammlung. Es existiren
in Württemberg für 17 Staatsforstreviere und 1 Kommunalrevier
auf Gegenseitigkeit gegründete Unterstützungsvereine, theils für Unfall=
versicherung allein, theils für Unfall und Krankenversicherung in Ver=
bindung mit einer Sterbekasse. Versichert sind im Ganzen 1700
Mann. Der älteste Verein blickt auf eine 20jährige Thätigkeit zurück,
der jüngste ist 1882 gegründet.

Der Verein faßte einen Beschluß folgenden Inhalts (Allg. F. u.
J. pag. 317, Z. f. F. u. J. pag. 585):

Die Versammlung anerkennt, daß die bestehenden Unterstützungs=
vereine sich als eine äußerst wohlthätige Einrichtung erwiesen haben,
und betrachtet es als Aufgabe eines jeden Forstmannes, auf Bildung
solcher Vereine hinzuwirken. Die Versammlung ist davon überzeugt,
daß die Gründung und Erhaltung der Vereine in allen Revieren
möglich ist, wo die Arbeiter in der Mehrzahl ständig sind und den
großen Theil des Jahres im Walde Beschäftigung haben. Die Ver=
sammlung macht die Gründung neuer Unterstütznngsvereine zu einer
seiner Aufgaben und wählt eine Commission zum Entwurf zweck=
mäßiger Statuten. Die Commission wird nur in dem Falle ihrer
Aufgabe enthoben, wenn die beiden dem Reichstag im Entwurfe vor=
liegenden Gesetze dahin abgeändert werden, daß die Forstarbeiter dem
Versicherungszwang durch directe gesetzliche Vorschrift unterworfen
werden.

Im sächsischen Forstreviere stand die Organisation der Holzhauer=
hülfskassen auf der Tagesordnung. Referent Oberförster Klette ist
für die Bezirkskassen, denen obliegt nicht nur die Krankenunterstützung,
die Zahlung von Begräbnißgeld und Pension der Arbeiter, sondern
auch Versorgung der Wittwen und Waisen. Die Bildung der Kasse
für den Umfang eines Forstbezirks hält der Referent deshalb für
richtig, weil dann das Interesse des Einzelnen an der Kasse noch
lebhaft genug ist, die Unglücksfälle aber nicht so häufig sind, um noch
größere Kreise zu bilden. Man sprach sich für Zwangsbeitritt aus.
Zugegeben wird aber zugleich, daß es in solchen Gegenden zuweilen
unthunlich ist, eine Kasse in's Leben zu rufen, wo es kein ständiges
Arbeitercorps giebt, und an Orten, wo die Arbeiter eine eigene Wirth=
schaft besitzen, in welche sie ihr Geld stecken, um sie zu vergrößern
(Z. f. F. u. J. pag. 523).

Auch der schlesische Forstverein beschäftigte sich mit den Arbeits=
verhältnissen in dem Thema: Ist es vortheilhaft, in den schlesischen
Forstrevieren Waldarbeiter=Unterstützungskassen zu begründen und wie
müssen dieselben organisirt werden? Auch hier hob der Referent,
Oberförster Lignitz, hervor, daß es vor allen Dingen darauf an=
käme, ein ständiges Arbeiterpersonal zu schaffen. Für die Reviere der
Grafschaft Glatz ist bereits ein Kassen=Statut entworfen mit folgenden
Hauptzügen: Es soll gesorgt werden für ärztliche Hülfe, Begräbniß, Er=

haltung und Erziehung der Hinterbliebenen. Aufgenommen werden nur Leute von 18—45 Jahren nach einer bestimmten Probezeit und auf Grund eines Gesundheitsattestes. Der Beitrag für 213 Mitglieder ist auf 1 M. monatlich festgesetzt, von der Regierung soll der doppelte Betrag erbeten werden.

Nach einer sehr eingehenden Debatte wird die Frage, ob Hülfskassen wünschenswerth sind, bejaht, die Discussion über die Frage der Organisation aber bis zum nächsten Jahre vertagt, damit man sich erst genügend orientiren könne.

Daß die Kassen existiren können, beweisen auch diejenigen der Stadt Zürich. Die Arbeiterkrankenkasse zahlte im letzten Berichtsjahre 516,50 Frs. aus und erzielte dabei noch einen Ueberschuß von 122,95 Frs. Die Unfallskasse verausgabte in 9 Fällen im Ganzen 202,30 Frs.

Im sächsischen Landtag hat man bei Berathung des Forstetats eine ziemlich lebhafte Debatte über die Forstarbeiterverhältnisse gehabt. Man fand die Arbeitslöhne zu niedrig, die Auszahlung der Löhne durch die Entfernung der Rentämter mit mehr Verlust als nöthig verknüpft, das Hülfskassenwesen reformbedürftig. Bezüglich des letzten Punktes schien man einig zu sein darüber, daß es zweckmäßiger sein würde, die Kassen zu großen Bezirken zusammenzufassen, was bisher an einem Widerstande der Arbeiter gescheitert sei. Zunächst will man aber das Schicksal des Reichs-Unfall-Versicherungsgesetzes abwarten.

Auf die Schrift des Dr. Jentsch, die Arbeiterverhältnisse in der Forstwirthschaft des Staates (Berlin, Julius Springer), wollen wir an dieser Stelle, obwohl sie schon im vorigen Jahrgange namhaft gemacht ist, nochmals besonders hinweisen. Sie ist mehrfach in den Verhandlungen der Vereine erwähnt, und die Darstellung hat Anerkennung gefunden.

Ueber die Wohnungen forst- und landwirthschaftlicher Arbeiter schreibt Dr. Leo (Allg. F. u. J. pag. 109), folgt aber dabei zumeist anderen Autoritäten.

7. Aus der Verwaltung.

In Baiern regt sich eine Reorganisationsströmung; in der speciell forstlichen Literatur hat sie Ausdruck gefunden durch einen Aufsatz (Baur Centr. pag. 184): Die Revision des baierischen Forstgesetzes vom 28. März 1852. Der Verfasser will mit seinen Bemerkungen, die übrigens nur für den verständlich sind, der den Text des Gesetzes genau kennt, lediglich Material bieten, was möglicherweise benutzt werden kann. Im Abgeordnetenhause betonte der Finanzminister Riedel (Baur Centr. pag. 248), daß weit wichtiger als die Revision des Forstgesetzes die Organisation der Forstverwaltung erscheint, und theilte mit, daß eingehende Vorarbeiten in Angriff genommen sind. Der Hauptpunkt wird die Stellung und die Amtsbefugniß des Oberförsters sein. Die Aenderung, die sich hier vollziehen wird, steht in engem Zusammenhange mit der besseren, gründlicheren und allgemeineren Vorbildung, die jetzt von dem Oberförster verlangt wird. Einem studirten Beamten muß füglich eine möglichst selbstständige Stellung gegeben werden. Geschieht das, so bleibt unabweisbar auch eine Reorganisation der bisherigen Forstämter.

Aus Braunschweig hören wir von der Errichtung einer besonderen Forsteinrichtungs-Anstalt. Sie hat ihren Sitz in Braunschweig und steht daselbst unter der herzoglichen Forst-Direction. Ein Mitglied derselben fungirt als Vorstand. Unter diesem arbeiten die Taxatoren, welchen obliegt, die Bearbeitung der Wirthschaftspläne, die Revision und die Weiterführung. Der Sommer ist für die Arbeiten draußen im Walde, der Winter für die im Zimmer bestimmt. Hülfsarbeiter werden mit Ausführung der Vermessungen, Nivellements und Bestandsaufnahmen beschäftigt, soweit hierzu nicht das Schutzpersonal des Reviers herangezogen werden kann. Die Ansichten des Verwaltungs-Personals, Forstmeister und Oberförster, über die Betriebseinrichtung werden gehört, und die Grundzüge der Einrichtung von ihnen in Gemeinschaft mit dem Taxator berathen, auch haben sie den fertigen Plan zu begutachten. Etwaige Meinungsdifferenzen werden in letzter Instanz unter Vorsitz des Vorstandes in einer Conferenz entschieden. Die Buchführung über die verausgabten Gelder liegt dem Oberförster ob. Die Forstdirection wirkt bei Entwurf der Instructionen mit und giebt an, welche Reviere aufzunehmen sind. Endlich liegt ihr die definitive Feststellung und die Uebersendung der Pläne an Forstmeister und Oberförster ob. Als besondere Abtheilung der Forsteinrichtungs-Anstalt fungirt die Forst-Plankammer.

Aphorismen über die Preußische Forstverwaltung aus der Feder des Oberforstmeisters v. d. Reck sind in der Z. f. F. u. J. pag. 321 veröffentlicht. Der Verfasser hat sich die Erörterung der Frage zur Aufgabe gestellt: Bis zu welchem Grade und in welchem Sinne eine Herabminderung des Schreibwerks überhaupt anzustreben ist, resp. welche Anforderungen an eine gute Geschäftsführung zu stellen sind. Der Aufsatz ist bereits vor längerer Zeit geschrieben und vieles von den ausgesprochenen Wünschen ist durch die inzwischen ergangenen Verfügungen realisirt.

Die Titel der Forstbeamten unterwirft Borggreve einer kritischen Beleuchtung. Mag man hinsichtlich der gemachten Vorschläge auch andere Ansichten vertreten, in einer Beziehung, glaube ich, werden alle Staatsforstbeamten mit Borggreve einig sein, daß wegen des Mißbrauchs, den Private mit den officiellen Titeln treiben, die einmal vom Staate gewählten Titel in der Regel nur von Staatsbeamten getragen werden dürfen. Borggreve giebt das Resultat seiner Betrachtungen dahin ab: Für die Forstschutzbeamtenlaufbahn die Reihenfolge: Forstlehrling, Jäger, Forstwart, Förster und als besondere Auszeichnung Hegemeister. Für die in einzelnen Fällen aus dem Arbeiterstande angenommenen Aufsichtsbeamten (Waldwärter) der Name Heger. Für die Verwaltungscarriere wäre der Titel Practikant für das Lehrjahr angemessen, für die academische Zeit Student, dann folgen Forstreferendar für Forstkandidat, Forstassessor für Oberförsterkandidat, Oberförster, Forstrath, Oberforstrath event. mit dem Zusatz „Geheimer", Ministerialforstrath, ebenfalls event. mit dem gleichen Zusatz, und endlich Oberlandesforstmeister oder Landesforstdirector. Privatforstbesitzern — fährt Borggreve fort — könnte dann anheimgestellt werden, die Bezeichnungen Förster, Revierförster, Forstmeister, Oberforstmeister beliebig zu vergeben, während die Bezeichnung Oberförster nur von solchen Privatforstbeamten fortgeführt oder wenigstens für die Folge verliehen werden dürfte, die eine für Staats- oder Communal-Oberförster vorgeschriebene Prüfung absolvirt haben.

(F. Bl pag. 332.) Auch die in Preußen bestehenden Bestimmungen über Portopflichtigkeit der Dienstsachen beleuchtet Borggreve kritisch und kommt zu dem Abschluß, daß wegen der vielen Unzuträglichkeiten und der verhältnißmäßig großen jetzt erwachsenden Geschäftslast die Portofreiheit wieder hergestellt werden müsse. Er hofft, daß in diesem seinem Bestreben ihn bald auch andere Federn unterstützen werden. (F. Bl. pag. 353.)

Auf einen wenigstens in Preußen vielfach tief empfundenen Uebelstand wollen wir hier noch aufmerksam machen, nämlich auf die Ungleichheit zwischen den Forstkandidaten, die ihren militairischen Pflichten genügen, und solchen, die davon freigesprochen werden. Letztere gewinnen vor den ersteren durch den Fortfall sowohl des Dienstjahres, wie auch der zahlreichen späteren Uebungen soviel Vorsprung, daß sie um drei und vier Semester früher zum Oberförster-Examen kommen und demgemäß auch früher zur Anstellung gelangen. Die meisten jungen Forstleute sind mit Passion Soldaten und bei den Regimentern gern gesehene Reserve-Offiziere, viele bleiben weit über die geforderte Zeit activ, aber zum wunden Punkte wird die Dienstzeit, wenn „die Invaliden" einige Jahre früher das Ziel, die Oberförsterei, erreichen. Eine Berücksichtigung der Dienstzeit bei Feststellung der Anciennität zur Anstellung scheint eine durchaus berechtigte Forderung.

---

8. Aus dem Versuchswesen.

Dem Vereine der deutschen forstlichen Versuchs-Anstalten ist als selbstständiges Glied jetzt Elsaß-Lothringen beigetreten, nachdem bisher die Geschäfte von Preußen geführt wurden, als neues Mitglied trat das Großherzogthum Hessen ein. Der Verein zählt nunmehr 9 Mitglieder: Baden, Baiern, Braunschweig, Elsaß-Lothringen, Hessen, Preußen, Sachsen, Thüringische Staaten, Württemberg. Die diesjährige Vereinssitzung fand in München statt. Von den dort gefaßten Beschlüssen heben wir besonders hervor diejenigen betreffend: den Beginn der systematischen Untersuchungen über das forstliche Verhalten der fremden für anbauenswerth gehaltenen Holzarten; den Abschluß der Fichtenertragsuntersuchungen behufs Aufstellung von Ertragstafeln;

die Aufnahme der Aeſtungsfrage in den Kreis der Vereinsarbeiten;
das eventuelle ſelbſtſtändige Vorgehen in Sachen der phyſiologiſchen
Betrachtungen. Welches Intereſſe dem Verein im Auslande ge=
ſchenkt wird, bezeugt am beſten, daß der diesjährigen Sitzung zwei
Vertreter der Ecole forestière zu Nancy und ein Vertreter des
öſterreichiſchen forſtlichen Verſuchsweſens als Gäſte beiwohnten.

Das forſtliche Verſuchsweſen in Oeſterreich war 1881 in Ge=
fahr bezüglich ſeines ferneren Fortbeſtehens: Die Mittel zu ſeiner
Erhaltung waren vom Ordinarium des Etats auf das Extraordinarium
verſetzt, ein verhängnißvoller Platz für ein dauerndes Inſtitut. Der
Regierung iſt es gelungen, den Poſten mit 15000 Gulden wieder auf
das Ordinarium zu bringen, indem ſie folgende Begründnng dafür
gab (Hemp. Centr. pag. 185): Für das Jahr 1881 wurde ein gleicher
Betrag bewilligt, aber in das Extraordinarium eingeſtellt. Dieſe Ein=
ſtellung hat in den Fachkreiſen Aufſehen und Bedauern erregt und die
Befürchtung wachgerufen, daß die Anſtalt durch den proviſoriſchen
Charakter, welcher ihr hierdurch aufgedrückt wurde, zunächſt in ihrer
Wirkſamkeit gehemmt und mit der Zeit vielleicht aufgelaſſen werden
dürfte. Alle Forſtvereine und fachlichen Blätter haben dieſe Gefühle
zum Ausdruck gebracht und ſich mit Rückſicht auf die ausgezeichneten
und nicht bloß in Oeſterreich, ſondern auch im Auslande auf’s
Wärmſte anerkannten Leiſtungen dieſer Anſtalt für den geſicherten Be=
ſtand derſelben entſchieden ausgeſprochen. Das hohe Haus hat die
Wichtigkeit der Cultur und Pflege der Forſten für die geſammte Volks=
wirthſchaft immer anerkannt. Dieſe gemeinnützigen Zwecke zu fördern
iſt auch dieſe Anſtalt beſtimmt. — Der öſterreichiſche Forſtcongreß
behandelte die Organiſationsfrage des forſtlichen Verſuchsweſens. Der
Referent, Forſtrath Swoboda, forderte, daß das V., als deſſen
Zweck die Gewinnung wiſſenſchaftlicher Grundlagen für den ſtaatlichen
Schutz und die Bewirthſchaftung der Wälder hingeſtellt wird, unter
Rückſichtnahme auf die ſpeciellen Verhältniſſe der einzelnen Länder des
Reichs durch den Staat zu organiſiren ſei und die Leitung des=
ſelben einem beſonders dafür zu errichtenden Fachdepartement des
Ackerbau=Miniſteriums zugewieſen werden ſolle. Der Verſuchsleitung
ſoll als fachlicher Beirath eine ſtändige Commiſſion zur Seite geſtellt
werden. Das Hauptgewicht iſt auf die Errichtung zahlreicher Ver=

fuchs=, Untersuchungs= und Beobachtungsstationen für alle Gruppen und Fächer der Forschung und in allen Ländern zu legen. Bei der Debatte ruft die Stellung der Versuchsleitung lebhaften Kampf hervor, und man einigt sich schließlich in einem Compromiß durch Annahme folgenden Satzes: Die forstliche Versuchsleitung, an deren Spitze der fachliche Leiter steht, soll in einer solchen Weise mit dem Acker= bau=Ministerium verbunden werden, daß der fachliche und geschäftliche Verkehr und die gesammten Agenden nur unter der Autorität dieses Ministeriums erfolgen.

9. Aus der Statistik.*)

In dem letzten Hefte dieser Chronik wurden die Beschlüsse der Versammlung deutscher Forstmänner in Hannover mitgetheilt, heute können wir über das weitere Schicksal derselben berichten. Das Prä= sidium hat an sämmtliche Oberbehörden der waldbesitzenden deutschen Staaten das Gesuch der Versammlung eingereicht, jedoch mit Hinzu= fügung der Bitte, von dort aus die Beschickung eines forststatistischen Delegirten=Congresses anregen und in Bezug auf Zeit und Ort eines solchen Congresses mit bestimmten Vorschlägen hervortreten zu wollen. Die Antwort des preußischen Ministers für Landwirthschaft, Domainen und Forsten lautete:

„Dem Präsidium erwidere ich auf die gefällige Zuschrift vom 24. Dezember v. J. ergebenst, daß ich gern von dem durch die X. Versammlung deutscher Forstmänner der weiteren Ausbildung der Forststatistik entgegengebrachten Interesse Kenntniß genommen habe. Ich bin meines Theiles weit entfernt, die Wichtigkeit forst= statistischer Ermittelungen zu verkennen, es sind solche vielmehr in Preußen auf meine Veranlassung bereits in umfangreicher Weise eingeleitet worden. Gleichwohl muß ich es mir zu meinem Be= dauern versagen, dem Antrage auf Herbeiführung eines forststatistischen Delegirten=Congresses der deutschen Regierungen Folge zu geben, da

---

*) Das vorjährige Heft der Chronik brachte pag. 55 eine Tabelle. Die Ge= sammtflächen sind darin Colonne 2 nicht, wie bei der Correctur übersehen ist, in Quadratkilometern, sondern in 10 Quadratkilometern angegeben.

hierdurch der Abschluß der Arbeiten für Preußen eher behindert, als gefördert werden dürfte, und die betheiligten Beamten durch die ihnen übertragenen Ermittelungen bereits so stark belastet sind, daß ich ihnen einen weiteren Zuwachs an Arbeit für jetzt ohne Schädigung wichtigerer Interessen nicht aufzuerlegen vermag.

Uebrigens werden bei Aufnahme der nächsten Bodenanbau-Statistik für das deutsche Reich sich voraussichtlich bereits einige der angeregten forststatistischen Fragen berücksichtigen lassen. Die Erreichung dieses Zieles werde ich nach Möglichkeit zu fördern suchen."

Eine sehr werthvolle Publikation erfolgte darauf im Herbste durch die neue Bearbeitung des von Hagen'schen Werkes „Die forstlichen Verhältnisse Preußens" durch den Oberforstmeister Donner. Während von Hagen damals nur das alte Preußen von 1865 besprach, sind hier auch die neuen Provinzen berücksichtigt, und wir erhalten zum ersten Male ein Gesammtbild des forstlichen neuen Preußens. Hierdurch und weil in den 15 Jahren, die seit dem Erscheinen der ersten Auflage verflossen sind, sich außerordentlich viel auch in den alten Landestheilen geändert hat, tritt die zweite Auflage uns in einer ganzen Reihe von Abschnitten als neues Werk entgegen.

Die Steuerlisten geben uns jetzt zuverlässige Zahlen für die Beurtheilung des Verkehrs von Deutschland nach außen und umgekehrt, sowie über den Durchgangsverkehr. Manches Räthsel ist danach zu lösen, z. B. weshalb es möglich ist, daß Holz aus Oesterreich durch ganz Deutschland nach Belgien dauernd verfrachtet werden kann, ohne daß der deutsche Wald dabei in tödtende Concurrenz tritt? Wie ist es möglich, daß schwedisches Holz bis nach Baden dringen kann u. A. Die Zollstatistik wird, glaube ich, sehr bald energischen Einfluß auf die Wirthschaftsgrundsätze üben, denn irgend wie muß doch da der Schuh drücken, wenn solche Erscheinungen Jahre lang sich halten können.

Besonders hinweisen möchte ich noch auf den Artikel „Der Holzhandel über die deutschen Grenzen" von Prof. Richter. (Thar. Jahrbuch pag. 141), ferner auf die Verhandlungen der Versammlung deutscher Forstmänner zu Coburg.

10. Aus dem Unterrichtswesen.

In Preußen ist die Verpflichtung zur Ablegung der Feldmesser=prüfung für die Aspiranten des Forst=Verwaltungsdienstes aufgehoben. Dafür ist die Zulassung zur Laufbahn außer von den bestehenden Bedingungen noch davon abhängig gemacht, daß das Maturitätszeugniß eine unbedingt genügende Censur in der Mathematik enthalten muß. Ferner wird bestimmt, daß die einschläglichen Theile der Mathematik, die Feldmeßkunst und Instrumentenkunde, das Auftragen, Berechnen und Planzeichnen, die für Preußen bestehenden Vorschriften über die Ausführung von Feldmesser= und insbesondere forstgeometrischen Arbeiten künftighin Prüfungsgegenstände des forstlichen Tentamens bilden. Auch muß eine Reihe von Karten der Examenscommission vorgelegt werden (Rescr. v. 16. Oct. 1882 III. 10954).

Denjenigen Forsteleven, welche das Feldmesserexamen noch nicht gemacht haben, dasselbe auch bis zu dem Staatsexamen nicht ablegen, soll nachgelassen werden, die betreffenden Kenntnisse in dem forstlichen Staatsexamen nachzuweisen. — Im Uebrigen sind Aenderungen in dem Gange der Verwaltungscarrière und des forstlichen Unterrichts der Verwaltungsbeamten nicht zu verzeichnen.

Für die Fortbildung der Jäger bei den Preuß. Bataillonen ist dadurch erneute Fürsorge getroffen, daß auch Jäger der Klasse A des zweiten und dritten Jahrganges an dem s. g. Kapitulanten=Unterricht theilnehmen können (J. d. Preuß. F. u. J. u. B. pag. 59).

Eine zweite Försterlehrlingsschule ist in Proskau eröffnet. Der Cursus ist einjährig oder zweijährig, je nachdem die Zöglinge bereits 1 Jahr von der Lehre zurückgelegt haben oder nicht, die ersteren werden bei der Aufnahme bevorzugt. Die Schule steht unter dem Oberförster Liebrecht zu Proskau und einem Curatorium unter Vorsitz des Oberforstmeisters Guse zu Oppeln. Die Maximalzahl der Lehrlinge ist auf 16 festgestellt. Der Unterricht wird ertheilt an zwei Wochentagen im Zimmer, an 4 im Walde, er erstreckt sich, abgesehen von den forstlichen Fächern auf Deutsch, Rechnen, Zeichnen, Schreiben, Physik. In der Culturzeit werden die Lehrlinge aus=schließlich mit Culturarbeiten beschäftigt und nach ihren Leistungen dafür bezahlt.

Oberförster v. Schuckmann hat zu Ronneburg im Altenburgischen eine Forstschule gegründet zum Zweck der Ausbildung von Forstlehrlingen und zur Weiterbildung von gelernten Jägern. In Ronneburg ist bereits eine landwirthschaftliche Mittelschule, deren Lehrkräfte bei der Forstschule ebenfalls wirken werden. Das Programm bringt die Z. f. d. D. Forstb. Nr. 18.

In Baiern ist die bereits mehrfach in Anregung gebrachte Auswahl besonders geeigneter Ausbildungsreviere für die Aspiranten der höheren Laufbahn zur That geworden. Die Z. b. D. F. B. theilt pag. 68 das Verzeichniß der bis auf Weiteres bestimmten Reviere mit. Es sind im Ganzen 20, auf jeden Regierungsbezirk fallen mindestens zwei höchstens vier.

Die Verlegung des forstlichen Unterrichts in Baden an die Universität verkündet sich in Vorwehen (Baur Centr. pag. 497). In Baden ist der Unterricht bisher mit dem Polytechnicum in Karlsruhe verknüpft. Der landwirthschaftliche Unterricht, der früher ebenfalls dort ertheilt wurde, ist bereits nach Heidelberg übergesiedelt, der forstliche möchte gern folgen. Man hofft, daß dann die Staatsforstbeamten namentlich besser mit Rechtskenntnissen ausgestattet werden, die Forstwissenschaft gehöre nicht zu den technischen Fächern, sondern sei ein „wirthschaftswissenschaftliches", ein Zweig der philosophischen Facultät. In der Ertheilung des Unterrichts am Polytechnicum wird eine Zurücksetzung der badischen Forstleute gegen die anderen Süddeutschen gesehen. „Es wäre Sache der obersten Forstbehörde und ganz besonders des forstlichen Lehrpersonals, die einleitenden Schritte zur Herstellung ebenbürtiger Verhältnisse mit unseren Nachbarn zu thun. Oder sollte die Hintanhaltung in wissenschaftlicher Beziehung der Tendenz dienen, den badischen Forstbeamten eine Inferiorität zu vindiciren? Gewiß nicht! Baden kann nach dem hell leuchtenden Beispiele Baierns, Württembergs und Hessens nicht zurückbleiben, da es — wiewohl sonst überall in Kulturfragen voraus — ohnehin in forstlicher Beziehung nicht Schritt mit dem übrigen deutschen Vaterlande gehalten hat, sofern es thatsächlich der letzte Staat im Reiche ist, der auf jahrelanges Begehen seitens des forstlichen Lehrkörpers endlich die Bedingung der Maturität stellte. Möchte, nachdem im Jahre 1867 eine wenig glückliche, unzulängliche und eigenartige Reform des forstlichen Studiums durchgeführt und diese nachträglich im Jahre 1879 durch das Postulat der Universitätsreife wieder geändert worden, eine baldige normale Ordnung dieser Verhältnisse zu Stande kommen, damit unter dem Hochdruck Münchens, Tübingens und Gießens unsere jetzigen Einrichtungen nicht auf eine bedeutungslose Stufe zusammenschrumpfen. Von der wohlgepflegten Lehrkanzel strömt neues Leben in die Adern des Staatskörpers, nur von der Erhebung zur alma mater erwarten wir die endliche Gleichstellung."

Das Prüfungswesen in Württemberg ist in Folge der Verlegung des Unterrichts an die Universität geändert. Die Aspiranten haben zunächst eine Vorprüfung zu bestehen, durch welche der Besitz der erforderlichen Vorkenntnisse in der Mathematik und den Naturwissenschaften ermittelt werden soll. Ein Termin zur Prüfung wird in der Regel für jedes Semester festgesetzt. Eine erste Dienstprüfung umfaßt Ermittelung des theoretischen Wissens in den forst-, staats- und rechtswissenschaftlichen Fächern und wird wie die Vorprüfung in Tübingen halbjährlich abgehalten. Nach einem einjährigen Practicum erfolgt dann die zweite Dienstprüfung vor einer in Stuttgart zusammentretenden Kommission, die unter der unmittelbaren Leitung des Finanzministeriums aus Mitgliedern der Forstdirection und anderen Forstbeamten besteht. Die zweite Prüfung hat die practische Tüchtigkeit sowohl hinsichtlich der festeren Begründung der theoretischen Kenntnisse und der specielleren Bekanntschaft mit den vaterländischen Gesetzen und Einrichtungen als auch den Grad der Geschäftsgewandheit zu erforschen.

Das forstliche Prüfungswesen ist in Oesterreich dahin geregelt, daß nunmehr zwei Prüfungen abgehalten werden, die erste oder allgemeine Staatsprüfung über die allgemeinen oder die begründenden Disciplinen, die zweite Staatsprüfung oder Fachprüfung über die speciell dem forstlichen Studium angehörigen Lehrfächer (Hemp. Centr. pag. 80). Das erste Examen fordert Kenntnisse in Physik, Chemie, Botanik, Geologie, höhere Mathematik, Geodäsie, Nationalökonomie, das zweite in Waldbau, Forstbenutzung, Forstschutz, Forstbetriebslehre, Waldwerthberechnung, forstliches Bau- und Maschinenwesen, Gesetzeskunde. Als Examinatoren fungiren in erster Linie die Professoren und Docenten der Hochschule, daneben dann noch andere, auch können besondere Regierungscommissarien delegirt werden.

Die Frequenz an den forstlichen Lehranstalten ist folgende gewesen:

Eberswalde: im Sommer 208 Studirende, darunter 180 Anwärter für den Pr. Staatsdienst; im Winter 155 resp. 135.

Münden: im Sommer 117 Studirende, darunter 15 Nichtpreußen; im Winter 76 resp. 9.

München: im Winter 1881/2 90 Studirende, darunter 65 Baiern, im Sommer 93 resp. 65 im Winter 1882/3 97 resp. 60.

Aschaffenburg: im Sommer 75 Studirende, darunter 67 für B. Staatsdienst; im Winter 84 resp. 66.

Tübingen: im Sommer 32 Studirende, darunter 28 Württemberger; im Winter 45 resp. 40.

Tharand: im Sommer 96 Studirende, darunter 33 für den Sächs. Staatsdienst und 55 Nichtsachsen; im Winter 129 resp. 49 und 64.

Gießen: im Sommer 40 Studirende, darunter 4 Nichthessen; im Winter 40 resp. 5.

Karlsruhe: im Sommer 16 Studirende; im Winter 11.

Eisenach: im Sommer 67 Studirende; im Winter 75.

Zürich: im Sommer 35 Studirende; im Winter 31.

Aus dem Berichte über das Studienjahr 1881—82 an der Hochschule für Bodencultur in Wien entnehmen wir, daß die Zahl der Hörer 601 betrug. Davon widmeten sich 319 dem forstlichen Studium. Die Zahl der nichtösterreichischen Forststudenten belief sich auf 8. In grellem Gegensatze zu der fortschreitenden organisatorischen Entwickelung der Hochschule, sagt der Bericht, steht die räumliche Unterbringung dieser Schule. Die vollständige Unzulänglichkeit der Hörsäle, Laboratoriums und Sammlungsräume mußte in besonderen Eingaben den höheren Behörden dargelegt werden. Das Professoren-Collegium hielt es für seine Pflicht, darauf hinzuweisen, „daß die der Hochschule zur Verfügung stehenden, gemietheten Gebäude nicht nur ungeeignet sind zur Erreichung des Lehrzieles bei der Gesammtheit der Hörerschaft, daß man in Folge dessen, gegenüber jenem großen Theile der inscribirten Hörer, denen ein Raum in den Hörsälen und Laboratorien nicht zugewiesen werden konnte, vertragsbrüchig wird, sondern auch, daß diese Schullocalitäten als in hohem Grade sanitätswidrig und als einer Reichsanstalt für das land- und forstwirthschaftliche Studium unwürdige bezeichnet werden müssen".

„Diese Verhältnisse steigerten sich zu einer fast unbesiegbaren

Calamität, als die durch das Rectorat veranlaßten Untersuchungen des Bauzustandes des Hauses in der Reitergasse ergaben, daß ein Theil der Oberböden vermorscht sei, und die Auswechselung der Decken inmitten des Schuljahres veranlaßt werden mußte."

„In welchem Grade unter diesen Verhältnissen Lehrer, Schüler und die Lehraufgabe litten, entzieht sich jeder Schilderung, und doch muß hier in diesem Schlußberichte leider constatirt werden, daß trotz der eindringlichsten Vorstellungen und ungeachtet des in der Geschichte des Unterrichtswesens beispiellosen Aufschwunges unserer Schule wenig Hoffnung dafür vorhanden zu sein scheint, daß die Sanirung dieser geradezu peinlichen Angelegenheit in allernächster Zeit ernstlich in An= griff genommen werden könne."

Wir bringen diesen Passus wörtlich, weil die Verhältnisse einen Punkt erreicht zu haben scheinen, wo eine rückhaltlose offene und öffent= liche Besprechung der Sache nur nutzen kann.

---

11. Vereinswesen und Ausstellungen.

Das Vereinsleben litt unter dem Drucke außerordentlich schlechten Wetters. Es mußte als ein besonderes Glück angesehen werden, wenn die Excursionen vollständig planmäßig verlaufen oder die geselligen Abendzusammenkünfte in den vorher bestimmten Gartenlocalen ab= gehalten werden konnten. An der Spitze der Tagesordnung für die Versammlung deutscher Forstmänner zu Coburg stand die Umwandlung der Wanderversammlung in einen Reichsforstverein mit ständiger Mitgliedschaft. Für und gegen diese Umwandlung ist im Verlaufe der Zeit seit der Versammlung in Hannover sowohl in der Literatur, als auch in den Localvereinen gesprochen. In Hannover war eine Commission von neun Mitgliedern mit dem Auftrage gewählt, die nöthigen Reformen zu berathen und Vorschläge der diesjährigen Ver= sammlung zu unterbreiten. Diese Commission ist aber factisch nicht an den Gegenstand herangetreten, und so fehlte es an reellen Unter= lagen für die jetzige Berathung. Sie endigte denn auch mit dem Beschlusse, daß es zweckmäßig sei, jede Beschlußfassung über die An= gelegenheit so lange auszusetzen, bis dieselbe in der Literatur und in

den Localforstvereinen hinreichend vorbereitet sei. Einen Nachklang
erhielten die Verhandlungen durch das für die Straßburger Zusammen-
kunft angenommene Thema: Welche Aenderungen oder Ergänzungen
bedürfen die Satzungen der Versammlung deutscher Forstmänner.
Von diesem aus kann gegebenen Falls die Frage wieder aufleben.
Von dem, was in der Literatur besprochen, heben wir Folgendes hervor:

Fürst in Aschaffenburg (Baur Centr. pag. 265) möchte den Aufbau
des Reichsforstvereins von unten herauf durch die Localvereine bewerk-
stelligt wissen. Diese als solche sollen dem Reichsvereine beitreten
und es nicht ihren Mitgliederm überlassen, ob sie dieses thun wollen
oder nicht. Fürst ist für die Errichtung des Reichsvereins. Er
glaubt, daß die Vorbereitungen noch besser als bisher getroffen werden
können, daß die Wahl der Themata entsprechender sein könnte und die
Gewinnung von Referenten leichter werden wird.

Gegen den Verein spricht Assistent Braza (Baur Centr. pag. 275).
Er erwartet von der centralisirten Organisation nicht mehr Einfluß
auf Entscheidung schwebender Fragen als von der bisherigen, und
grade der Oesterreichische Forstcongreß ist ihm ein Belag für diese
Ansichten. Das locale Gepräge, was die Zusammensetzung der Versammlungen stets trägt, wird sich bei den Abstimmungen immer geltend
machen. Andere hervorgetretene Mängel, wie z. B. die Möglichkeit,
nicht ganz geeignete Themata auf die Tagesordnung zu bringen, können
auch ohne Reichsforstverein abgestellt werden, diese z. B. durch Ver-
stärkung der Fragestellungscommission. Braza befürchtet auch einen
zu großen Einfluß Preußens, wenn etwa nach Waldflächen festgesetzte
Stimmenzahlen den Einzelstaaten überwiesen würden. Auch sieht er
ein Hinderniß in den einzufordernden möglicherweise hohen Beiträgen.
Diesen Ausführungen schließt sich v. Baur in einer Redaktions-
bemerkung an, Fürst-Aschaffenburg sucht sie dagegen in einem späteren
Artikel pag. 392 zu zerstreuen. Wenn Braza ausgerechnet hatte,
daß Preußen von 30 Stimmen etwa 18 erhalten werde, so weist
Fürst darauf hin, daß ein solcher Beschluß von der Commission zur
Berathung der Statuten wohl kaum angenommen werden würde. In
dieser hat Preußen von neun zwei Stimmen. Als event. Jahres-
beitrag nimmt Fürst 3 M. an, der jetzt zu zahlende beträgt 6 M.
und muß so hoch sein, weil stets nur die Anwesenden steuern, während
bei dem Reichsforstverein alle, also auch abwesende Mitglieder zahlen.

Braza replicirt darauf, daß er die Berechnung der Stimmen im Anschlusse an die Sätze des Danckelmann'schen Referats ausgearbeitet habe. (Baur pag. 396.)

Heiß-Landshut (Allg. F. u. J. pag. 197) spricht sich gegen das Uebermaß von Versammlungen aus. Gewiß in Uebereinstimmung mit Vielen schlägt er vor, daß der event. Reichsforstverein nur alle zwei Jahre sich versammelt. Die Landes-, Provinzial- und Kreisvereine sollen in der Weise tagen, daß benachbarte Vereine unter sich abwechseln. Durch diesen Wechsel wird mehr Anregung gegeben, als wenn aus Mangel an geeigneten Orten die Versammlungen in zu rascher Folge an denselben Orten tagen. — Der Hils-Solling und Harzer Forstverein werden ein solches Verfahren übrigens bereits demnächst wahrscheinlich annehmen.

Der Großherzoglich Hessische Forstverein tagt von jetzt ab nur alle zwei Jahre.

Die allg. F. u. J. Z. bringt pag. 85 Winke und Besprechungen über forstliche Ausstellungen, die jedenfalls einer darin erfahrenen Feder entstammen. Rechtzeitiger Entschluß ist nothwendig nicht allein darüber, daß die Ausstellung überhaupt beschickt werden soll, sondern auch womit, wie und wann. Der Platz, der gebraucht wird, muß möglichst genau angegeben werden, damit weder leerer Raum bleibt, noch Objecte zurückgestellt werden müssen. Für die Aufstellung selbst muß das nothwendige Personal zur Stelle sein und zwar ausgerüstet mit allem Handwerkszeug, was nur irgendwie gebraucht werden kann. Eine richtige Arbeitstheilung muß eintreten, für die geschmackvolle Decoration gesorgt werden. Das Abrüsten der Ausstellung wird schon beim Aufstellen ins Auge gefaßt, Kisten und Emballagen werden daher sorgfältig aufbewahrt, und ist der Zeitpunkt des Schlusses da, so ist schnell, unter steter Kontrole und genauer sofortiger Signirung der Kisten zu packen. Besondere Aufmerksamkeit will der Verfasser noch der Zulassung widmen: in die forstliche Abtheilung gehören — darin wird Jeder beistimmen — Schneider mit wasserdichten Zeugen, fertigen Jaquets ebensowenig hinein, wie der Liqueurfabrikant mit magenstärkenden Jagdschnäpsen oder der Cigarrenfabrikant mit Cigarren, die selbst beim stärksten Sturme nicht schief brennen. Mit der Prämiirung und Belobung ist es jetzt fast soweit gekommen, daß man

fragen muß: „Wer ist dabei nicht genannt?" Was mit forstlichen Aus=
stellungen erreicht wird, ist außerordentlich wenig. Der Ausstellungs=
prachtheifter giebt durchaus keine Garantie dafür, daß der Culturbetrieb
in dem betreffenden Reviere vortrefflich und zu prämiiren ist. Die
Aussteller von Riesenstammscheiben können eigentlich unmöglich prämiirt
werden, wenn sie nicht gleichzeitig beweisen, was sie selbst durch wirth=
schaftliche Maßregeln zur Hebung des Zuwachses gethan haben.

Auf der Bayrischen Landes=Industrie=, Gewerbe= und Kunst=
Ausstellung in Nürnberg fand sich unter den wenigen, den Forstmann
speciell interessirenden Gegenständen doch einer, der besonders hervor=
gehoben zu werden verdient: die Sammlung biologischer Objecte in
Bezug auf schädliche Forstinsecten vom Kreisforstmeister Lang in
Bayreuth. Die Entwickelung, das Wirken, der Effect wurde uns vor=
geführt theils durch Beibringung natürlicher Objecte und Präparate,
theils durch Abbildungen. Die letzteren zeigten uns namentlich die
Veränderungen, die im Walde an Bäumen und Beständen in Folge
des Fraßes hervortreten. Mit vollem Rechte hat die Sammlung
überall eine hervorragende Beachtung gefunden und ist auch besonders
in der Literatur auf sie hingewiesen durch Oberförster Dolles
(B. Centr. pag. 464).

Auf der Triester Ausstellung ist das Forstfach in hervorragenderer
Weise als in Nürnberg betheiligt. Das Programm ließ zu: die Roh=
producte, die Arbeitsprocesse und Vorrichtungen im Dienste der Forst=
wirthschaft, Maschinen, Werkzeuge und Vorrichtungen zur Bearbeitung
des Holzes (Oe. Mon. pag. 40).

Die Ausstellung selbst brachte denn auch ein sehr vollständiges,
trefflich arrangirtes Bild über Holzproduction, Holzinduftrie und Holz=
handel für das weite Gebiet, welches der Triester Markt beherrscht
(Hemp. Centr. pag. 458). Der Bericht des Oberforstraths Salzer
in Wien giebt uns in kurzen klaren Zügen ein Miniaturbild, auf
welches ich hier verweisen muß.

12. Aus der Literatur.

In der Journalliteratur haben wir folgende Aenderungen zu verzeichnen:

Die Oesterreichische Monatsschrift hat ihren Redacteur gewechselt und ist mit dem 2. Quartal unter die Leitung des Oberlandforstmeisters und Ministerialraths R. Micklitz getreten. Vom Mai ab wurden Doppelhefte ausgegeben und vom 1. Januar 1883 ab wird die Zeitschrift in Vierteljahrsheften erscheinen. Dieselben sollen in zwei Abschnittezerfallen, deren erster den eigentlichen Stoff eines Fach=journals umfaßt, während der zweite Theil den speciellen Mittheilungen des Reichsforstvereines gewidmet ist. Oe. Mon. pag. 270.

Das alljährlich im Thar. Jahrbuche enthaltene Repertorium für das zweite letzte Kalenderjahr erscheint jetzt insofern modificirt, als künftig nicht mehr die gesammte Literatur über Jagd und Fischerei vollständig aufgenommen werden wird. Von der Jagd soll nur das Jagdzoologische unter der Rubrik Zoologie, das den Forstschutz be=treffende unter der Rubrik Schutz, die Jagdgesetzgebung, Geschichtliches und anderes von besonderer forstlicher Wichtigkeit an betreffender Stelle Erwähnung finden.

Das im Verlage von Frick erscheinende Centralblatt für das gesammte Forstwesen ist mit dem Decemberhefte zum letzten Male unter der Redaction von Professor Gustav Hempel vor das Publikum getreten und wird mit dem neuen Jahre in die Hände des Prof. Dr. von Seckendorff übergehen. Ersterer kündigt dafür das Erscheinen eines forstlichen Wochenblattes „die österreichische Forstzeitung" an. Die Zeitung soll jeden Freitag ausgegeben werden. Der Abonnements=preis beträgt 2 Gulden pro Quartal.

Die forstliche Beilage der Zeitschrift des Vereins nassauischer Land= und Forstwirthe wird vom 1. Januar ab alle 14 Tage eine Nummer bringen.

Eine eigenthümliche Erscheinung in unserer Journalliteratur ist es, Meinungsverschiedenheiten so auszukämpfen, daß jede Partei zu einem anderen Publikum spricht. Der Sache kann das unmöglich dienen. Um nur einiges herauszunehmen, Dr. Daube bespricht die Emeis'=schen Theorieen in den forstlichen Blättern, Emeis vertheidigt sich in der Allgemeinen Forst- und Jagdzeitung, Daube antwortet in den forstlichen Blättern. — Regierungsrath Heiß schreibt in Baur Centr. einen Artikel: Betrachtungen über die Umwandlung von reinen Buchen-Beständen in gemischte Bestandsformen. Prof. Vonhausen beleuchtet die Ansichten in der Allgemeinen Forst- und Jagdzeitung, Heiß replicirt in Baurs Centr. — Oberförster Vogelgesang publicirte s. Z. seine Gedanken über Forstorganisation in den forstlichen Blättern. Eine Abwehr findet sich jetzt aus Gufes Feder in der Zeitschrift für F. u. J. (pag. 614). — Eine Aenderung dieser Taktik ist wohl im Interesse des lesenden Publikums recht erwünscht. Mehrfach ist bereits der Gedanke ausgesprochen, daß etwas für die Subventionirung forstlicher Lesezirkel in Preußen geschehen möchte. Dieses Mal giebt Oberförster Urff-Neuhaus dem Ausdruck. (F. Bl. pag. 118.) Es ist gar nicht zu leugnen, daß das Interesse an dem geistigen Leben unseres Faches bedeutend wachsen würde, wenn jede Oberförsterei wenigstens ein Journal erhielte, es kann ja auf der einen dieses, auf der anderen jenes sein, damit womöglich in jeder Inspection der Cyclus der gelesensten Blätter vorhanden ist.

Von Arbeiten, die als selbstständige Werke erschienen sind, hat uns 1882 sowohl aus dem Gebiete der Haupt- wie der Nebenwissenschaften reiche Gaben gebracht. Fast alle Zeitschriften enthalten gleich nach dem Erscheinen neuer Bücher deren Titel und Angaben über Preis und Verlag, sowie später je nach der Bedeutung mehr oder weniger eingehende Besprechungen des Inhalts.

Wir müssen in diesem Jahre auf eine spezielle Herzählung der Titel aus Mangel an Raum verzichten. Wird der Wunsch ausgesprochen, so soll die Lücke im nächsten Hefte nachträglich ausgefüllt werden.